隧洞工程施工新技术应用及线性工程管理

——以龙开口电站水资源综合利用一期工程为例

杨继清 丁红春 陆金才◎著

西南交通大学出版社
·成 都·

图书在版编目（CIP）数据

隧洞工程施工新技术应用及线性工程管理：以龙开口电站水资源综合利用一期工程为例 / 杨继清，丁红春，陆金才著. —成都：西南交通大学出版社，2017.6
ISBN 978-7-5643-5484-8

Ⅰ. ①隧… Ⅱ. ①杨… ②丁… ③陆… Ⅲ. ①水工隧洞－隧道施工－施工技术－鹤庆县 Ⅳ. ①TV672

中国版本图书馆 CIP 数据核字（2017）第 130586 号

隧洞工程施工新技术应用及线性工程管理
——以龙开口电站水资源综合利用一期工程为例

杨继清　丁红春　陆金才　著

责任编辑	柳堰龙
封面设计	何东琳设计工作室
出版发行	西南交通大学出版社 （四川省成都市二环路北一段 111 号 西南交通大学创新大厦 21 楼）
发行部电话	028-87600564　028-87600533
邮政编码	610031
网　　址	http://www.xnjdcbs.com
印　　刷	成都勤德印务有限公司
成品尺寸	165 mm × 230 mm
印　　张	11.5　　字　　数　202 千
版　　次	2017 年 6 月第 1 版　　印　　次　2017 年 6 月第 1 次
书　　号	ISBN 978-7-5643-5484-8
定　　价	58.00 元

前　言

本书是依托中国水利水电第十四工程局有限公司与云南农业大学的科研合同研究项目，以龙开口电站水资源综合利用一期工程为背景，对一期隧洞工程新技术应用及线性工程管理进行了分析与研究。根据工程的项目特征，在超前锚杆和超前导管等传统工艺的基础上进行局部优化及改进，对自进式超前注浆锚杆（花管由传统自进式中空锚杆管壁打孔加工而成）在不良地质条件下的隧洞工程实现快捷施工新技术新工艺应用、经济适用型有轨出渣的运用，以及线性工程的施工规划、经营策划、成本控制等方面进行分析研究，总结出较科学的、实用性强的成果，为类似工程提供理论依据和技术支撑，进一步提高企业的经济效益和竞争力。

本书分为隧洞工程施工新技术应用和线性工程管理研究两大部分，共 5 章。其中：第 1 章主要介绍了隧洞工程施工新技术的研究背景、研究现状、研究内容和方法等内容；第 2 章系统地介绍了隧洞工程施工支护设计新技术及支护方案，并应用具体的工程实体，取得了良好的效果，达到预期的目的；第 3 章分析了在不良地质条件下的经济适用型有轨出渣技术的应用；第 4 章对线性工程管理的现状进行了分析和总结，并结合龙开口电站水资源综合利用一期工程对进度管理、施工成本管理、施工质量管理、线性工程安全管理等进行了分析；第 5 章对线性工程管理技术进行了系统详细的分析研究。

本书在撰写过程中，得到了中国科学院院士、同济大学博士生导师孙钧院士、昆明理工大学博士生导师徐则民教授、中国水利水电第十四工程局有限公司勘察设计研究院院长李皓高工、云南农业大学建筑工程学院院长李靖教授等的悉心指导，在此向他们表示衷心的感谢！中国水利水电第十四工程局有限公司勘察设计研究院赵庆峰工程师、李应三工程师、李涛工程师、宋钊忠工程师、夏伟工程师等在现场调研过程中给予很大的支持和帮助，进行过多次有益的探讨和交流，并提供了一些建设性的意见和建议；昆明理工大学建筑工程学院陈积普博士参加部分现场调研工作，云南农业大学建筑工程学院刘文治老师、王建国博士、王立娜博士及薛阔、陈洲研究生等参与了部分现场调研和部分章节内容的撰写工作，在此深表谢意！

限于作者的水平与经验，书中难免有疏漏之处，敬请读者批评指正。

作　者

2017 年 3 月于昆明

目　录

第1篇　隧洞工程施工新技术应用

第2篇 线性工程管理研究

第 1 篇　隧洞工程施工新技术应用

1 绪 论

1.1 研究背景和意义

1.1.1 研究背景

我国水资源蕴藏总量虽居世界首位但开发量不足 19%，属于水资源相对紧缺的国家之一，且时空分布和供需条件极不平衡。水工隧洞是目前解决这一问题的有效方式，水工隧洞主要包括引水隧洞、导流隧洞、泄洪隧洞等。截至 2010 年，我国已建与在建的大型水利水电（含抽水蓄能）地下工程 90 余座，水工隧洞 450 余条，隧洞总长度超过 500 km，包括有压、无压、竖井及斜井等形式的引水隧洞，其中已建成 4 km 以上的引水隧洞 22 座。锦屏水工隧洞（2007）[1]装机 4 400 MW，四条引水隧洞平均长度 16.625 km，是目前规模最大的引水隧洞。南水北调工程穿越了黄河地下输水隧洞、一大批巨型水电站地下引水发电系统，其地下工程规模之大，施工难度之高，必将进一步推动我国地下工程施工的发展。目前我国已建或在建的长距离地下水工隧洞主要有南水北调中线穿黄隧洞（4.25 km）、渔子溪一级水电站引水隧洞（8.61 km）（1985 年）[2]、天生桥一级水电站引水隧洞（9.77 km）（2000 年）[3]，冯家山灌区引水隧洞（1.26 km）（2011 年）[4]、引滦入津工程的输水隧洞（11.38 km）（1983 年）[5]、福堂水电站引水隧洞（19.3 km）（2003 年）[6]、辽宁大伙房输水一期工程（85.3 km）（2009 年）[7]等。

地下工程施工具有一定的复杂性和多变性，引水隧洞的施工建设面临着各种各样的问题，这些问题直接影响到工程的施工进度、投资和安全运行，引水隧洞一旦失事，会给国民经济建设造成重大的损失，还有可能危及到人民的生命财产安全。隧洞施工过程中出现塌方、涌水等现象和由于运渣效率低而导致的工期延误目前也屡见不鲜，其主要原因也是支护设计、支护结构达不到要求以及运渣技术选择的不恰当，所以在保证工程质量的同时，如何改进施工方法提高施工效率就显得越来越重要。

龙开口电站水资源综合利用一期工程是云南省第一个水电站与水利工程相结综合利用的省重点项目之一；该工程输水干渠取水口位于龙开口水电站大坝左岸，进口底板高程 1 287.5 m，线路沿着金沙江左岸山体布置，最后到达涛源镇政府所在片区，线路总长为 65.7 km，其中隧洞共计 15 条，其中最长隧洞 4 158.9 m，最短隧道 380 m，隧洞长度共计 15 613.065 m，占引水系统总长的 23.76%。输水隧洞净断面尺寸为 2.0 m×2.667 m ~ 1.5 m×2.233 m（宽×高），城门洞型，开挖断面尺寸为 2.6 m×3.267 m ~ 2.1 m×2.833 m（宽×高）。渠线总体属剥蚀、溶蚀中低山地貌，渠线地形普遍较陡，自然坡度 20° ~ 40°，局部达 60° ~ 70°，局部地形平缓开阔，自然坡度在 20°以下，地表多为第四系松散层覆盖。渠道沿线物理地质现象较发育，主要为冲沟、塌滑、泥石流。特别是 12#、15#隧洞洞线途经挤压破碎围岩带和砂卵砾石层，地质薄弱等问题突出。开展对龙开口水电站水资源综合利用一期工程线性工程的规划、管理、施工组织、技术的优化及运用等几个方面进行探讨和研究有着重要的实际意义，总结出较科学合理的成果为以后类似工程施工积累经验和参考。

1.1.2　研究意义

目前，世界各国的水利工程专家学者对远距离跨流域调水工程等进行了大量研究，研究内容主要集中在地质超前预报、工程通风排烟技术、质量通病控制、成本控制、爆破技术等方面。相对于欧美国家，我国在引水隧洞的建设方面起步较晚，但近十年来，我国在隧洞选线、进出口选址的勘察、设计和施工等方面进行了广泛研究，并取得了丰硕成果。现如今，我国正处于经济迅猛发展的重要时期，伴随着基础设施的快速发展，近几年来我国地下工程建设也进入快速发展阶段，在地下洞室的选址、勘察、设计和建设施工方面也取得了丰硕成果，在长距离隧洞施工方面也积累了丰富的经验。但在小断面、长距离引水隧洞施工技术和建设管理方面的研究尚需进一步提升和完善。在超前预报、出渣技术、钻爆技术、测量导线控制及质量和进度控制等方面研究还不够深入，还有待进一步研究。由于受到地形条件的限制，沿线一般要穿越不同地层岩性、断裂构造较为发育、岩体完整性不一、不同类型的地质单元，存在突涌水、薄弱断层破碎带等特殊区段工程地质问题。同时，长距离、小断面开挖因洞室空间相对狭小，出渣距离较长，使得洞室的通风、排水、出渣、支护等工序交叉干扰、相互影响，造成施工组织、进度和安全控制非常困难和复杂。近年来，我国许多隧洞施工出现的安全事故和安全问题，大多是由施工技术使用不当而引起的，因此，通过对隧洞工程的施工技术和工序管理进一步进行优化和改进，隧洞工程的施工安全、质量、进度、成本以及环境职业健康保证将会得到大大的改善和提高。

“龙开口水电站水资源综合利用一期工程”引水隧洞工程施工特点是小断面和长距离，小断面和长距离的隧洞施工作业面狭小，给钻爆开挖、通风、排水和支护都带来了较大的困难。隧洞施工的钻爆工艺、除尘、通风、排水等效果直接关系到施工的质量、进度、投资和安全，所以做好小断面、长距离引水隧洞工程切实可行的钻爆、通风、除尘、排水等关键技术方案非常重要。

鉴于此，本项目依托“龙开口水电站水资源综合利用一期工程”引水隧洞工程建设，结合项目研究过程中的技术管理工作对工程实践过程中遇到的各种关键的技术难题进行凝练和升华，对不良地质条件下隧洞的快速施工和经济实用型有轨出渣技术进行分析研究与实施，为该工程的施工提供及建设管理提供技术指导和支撑，对提升“龙开口水电站水资源综合利用一期工程”隧洞工程建设管理和施工技术水平具有重要的指导意义。同时本项目在超前锚杆和超前导管等传统工艺的基础上进行局部优化及改进，通过现场应用分析和总结出了较为成熟可行的施工技术，可解决小断面、比较长的引水隧洞在施工中存在的一些技术性难题，同时为类似工程提供工程参考与借鉴，提高提升企业类似工程的竞争力。

1.2 国内外研究现状

输水隧洞建设与道路、地铁、矿山隧道的建设有着相同的问题亟待解决。目前国内外学者对隧洞（道）的研究都集中在地质条件的不同所选择的施工方式（2015，2016，2017）[8-22]与管理方式（2014，2015，2016）[23-34]

的选择运用上。施工技术的创新不但可以缩短工期，还能节省大笔的资金。施工管理使得工程有序开展，对于风险管理、组织管理严格把控，确保工程保质保量的按时完成。

1.2.1　隧洞施工技术现状

1.2.1.1　开挖技术研究现状

隧洞开挖技术除广泛应用于水利工程中的引水、泄水、导流外，在公路、铁路、地铁建设等领域的应用也较为普遍。而我国地域广阔，山地、丘陵、河流等复杂地形分布较多，各地区的地质情况也呈现多样化，这些对隧洞开挖提出了很大的挑战。目前已建隧洞的开挖方法，主要为钻孔爆破法开挖（钻爆法），也有少量工程使用了隧洞掘进机法开挖（TBM）。其他破岩方法如高压水射流、激光、超声、热力破岩等物理破岩方法，以及使岩体软化、溶解的化学破岩方法，尚处在进一步的研究和试验中。

魏永华等（2008 年）[35]通过对北盘江董箐水电站右岸导流隧洞进口段所确定的技术方案进行探讨，总结和提高在复杂地质条件下特大断面隧洞开挖技术。他指出隧洞开挖施工中，针对不同的工况，作出合适的技术方案选择，才能确保工程顺利进行，达到安全、优质、高效。杨玉银等（2013）[36]针对隧洞开挖超挖严重、开挖断面成形差的情况，探讨了超挖对工程施工的影响，给出了施工技术控制、爆破技术控制、施工管理控制等超挖控制方法，并论证了单循环进尺与超挖量是平方关系，控制单循环进尺可以有效减少超挖的结论。李兵（2012）[37]结合锦屏二级水电站大型引水隧洞开挖工程，介绍了采用激光测量技术的 FARO 三维激光扫描隧道测量系统、工作流程及简要说明、应用实例展示、优越性及应用前景。隧洞开挖技术在工程建设体系中十分重要，为了应对各种新的问题，还需要研究人员在此道路上继续探索，创建新的开挖方法。董峰等（2016）[38]研究水电站导流洞开挖施工中，考虑施工技术的适用性，满足工程建设的需求，根据水电站导流洞的组成结构对开挖技术的选择与研究做了深入的研究。李波等（2016）[39]针对某特大断面软岩隧道采用有限元数值模拟手段对 CD 法和三台阶七步开挖法的施工工法及其循环进尺参数进行优化研究，并与现场实测数据对比验证，验证了数值模拟的可靠。潘从贵等（2016）[40]以龙桥特大桥拱座基坑石方爆破开挖施工技术出发，分析了基坑爆破的特点及难点，得到了带缓冲层预裂爆破技术能较好地实现爆破轮廓的平整的结论。

1.2.1.2 支护技术研究现状

隧洞支护结构理论的发展至今已有百余年的历史，它与岩土力学的发展有着密切的关系。土力学的发展促使着松散地层围岩稳定和围岩压力理论的发展，而岩石力学的发展促使围岩压力和隧洞支护结构理论的进一步飞跃。随着新型支护结构的出现，岩土力学、测试仪器及计算机技术和数值分析方法的发展，隧洞支护结构理论正在逐渐形成一门完善的学科。

近年来国内外对隧洞支护技术做了大量的研究，形成了较为完善的支护理论，在工程实际应用中也得到了广泛的认可。其中纪鹏（2014）[41]分析了隧洞工程以及隧洞支护结构理论，其次对隧洞施工设计理论进行综合阐述，提出了隧洞支护的三种结构，为以后隧洞施工技术、施工设备方面更进一步的探讨而提供相关参考资料。李建华（2016）[42]阐述了地下输水隧洞工程施工采用钻爆法与掘进机法的优缺点，对支护理论进行了分析研究，对输水隧洞施土施工工艺的选取依据以及支护方式的作用原理进行了进一步探讨。方创熙（2008）[43]系统总结了隧道支护技术的主要类型，分别介绍了各种支护手段的概况、进展和适用条件，并重点总结了普通喷混凝土、钢纤维喷混凝土、锚杆支护、大管棚支护、小导管支护、格栅与支撑以及地层冻结法等支护方法。最后，介绍了比较成熟、经典的支护设计方法——Q 系统分类法。徐宇栋等（2016）[44]从地铁隧道队地层及建筑物的影响出发对隧道施工中超前支护方法的选型做了分析，确定了超前支护方法为水平旋喷桩。运用数学推导、数值模拟和现场沉降监测数据对这一超前支护方法进行了研究。李万宁等（2016）[45]从土钉墙支护、水泥土墙、排桩、地下连续墙等方面介绍了基坑支护的方法类型，分析了各种支护结构的安全等级与使用条件。贾宏俊等（2015）[46]针对深部软岩地下工程围岩稳定性差且具有长期流变效应的问题，提出了刚柔结合的软弱大变形巷道围岩新型支护方法。罗德志等（2013）[47]以文莱都东水坝导流洞支护为例，介绍高预紧力锚杆在软岩隧洞支护中的作用。潘一山等（2014）[48]从现有理论不能有效解决煤矿巷道冲击地压的问题，建立了冲击地压下巷道围岩与支护响应的动力学模型，提出了冲击地压矿井巷道支护设计的两个思路，研发了一种新型防冲吸能巷道液压支架。

1.2.1.3　出渣技术研究现状

出渣的速度是控制单循环作业时间的关键，也是影响洞挖工程进度的主要因素，除了设法保证机械设备完好外，采取的另一项有效措施是：在洞中部设置运渣中转站。目前，国内外采用的出渣及材料运输系统主要有以下三种方式，即有轨方式（电力机车、内燃机车）、无轨方式（轮式车辆）和胶带方式，这三种方案有着各自的特点，其选择依据是根据开挖洞径、隧洞长度、隧洞坡度、隧洞布置、通风和投资费用、岩石的碎裂特性和隧洞里面水的数量进行综合比较。邵政权（2014）[49]针对隧洞斜井无轨出渣技术进行了研究，其以东湖电站供水工程引水隧洞 8#支洞投影长度 1 084.12 m，坡度为 21.76%，支洞开挖断面为 5.5 m×5.5 m 为研究对象，对无轨运输方案作了简述，分析了无轨运输方案的难点及解决办法，也对出渣车辆调度、行驶速度等问题进行了详细的阐述。李文富等（2007）[50]针对大伙房水库输水工程深埋长大隧洞 TBM 施工特点，研究确定了主洞连续皮带机加支洞固定皮带机的出渣方案，该出渣系统保证了 TBM 掘进机在工程施工中的高速掘进和高利用率，为南水北调西线隧洞施工等类似工程提供了成功的范例与宝贵的实践经验。唐志林等（2006）[51]介绍了 TBM 施工出渣技术现状，分析了连续皮带机出渣方案的技术优势，针对主体隧洞 TBM 掘进和出渣过程进行了研究。王克忠等（2016）[52]以沐水东调引水隧洞无轨运输方式为例，介绍了出渣过程中的通风形式与风管选取，对隧洞通风进行了 CFD 软件模拟。张高峰等（2016）[53]介绍了顶管施工技术，具有施工出土量少、施工污染小作业面小、对环境影响小等优点。戴洪伟等（2015）[54]对扬州瘦西湖隧道工程环流系统中的难题，对盾构刀盘进行重新选型配置，对冲刷系统和环流管路进行了改造，形成了全断面黏土地层高效环流及出渣技术。王联军等（2015）[55]

结合巴基斯坦阿莱瓦水电站引水隧洞，介绍了卷扬机分级接力出渣施工技术，该技术采用多循环、多工序的有轨分级接力运输出渣。杨庆辉等（2016）[56]对 TBM 施工中的出渣方式进行了分类比较，认为传统的有轨运输+龙门吊提升会制约施工能力和效率，提出了连续皮带机+垂直皮带机出渣的方式，使掘进效率比上一种方式出渣提高了 75%以上。范水木等（2012）[57]介绍了在两条平行输水隧洞施工中，为减少洞内油烟和废气污染，达到供水质量清洁、安全的目的，采用电动轨道机车运输出渣的施工方式。

1.2.2 隧洞施工管理技术研究现状

隧洞施工管理主要集中于对于具体项目工程中所面临的施工安全[27，58-59]、质量[29，32，60]、进度、成本方面的管理[61-64]。在进行施工作业的过程中采取的施工方法都只是为了保证这种施工的管理变化。要在真正意义上实现“动态施工”，需要不断地对管理水平进行提高与完善。

洪坤等（2015）[65]提出了改进的 PERT 方法，克服了经典 PERT 中未考虑逻辑关系不确定和活动时间仅限于特定形式的不足。运用 Monte-Carlo 仿真法对改进的 PERT 网络进行求解，实现对输水隧洞施工进度风险更加全面的分析。于文琳等（2016）[33]考虑前人对隧洞施工过程中的风险管理的研究很少从施工工艺角度分析风险因素出发，以穿黄隧洞施工为背景，从施工工艺流程识别风险，并将风险因素造成损失加入到 FMEA 分析方法中，研究穿黄隧洞施工过程中的应对措施。王波等（2017）[66]以山西大水网隧洞工程为例，分析了隧洞工程安全方面存在的问题，介绍了隧洞安全生产管理和现场控制措施。王天西等（2015）[67]针对锦屏二级水电站隧洞所面临的特殊工程条件，总结了在施工过程中对安全、质量、进度控制的成功经验。雷叶等（2014）[68]介绍了全过程仿真技术，利用 CPM 网络模型的基本框架调用 CYCLONE 实施层模型从而形成控制层和实施层组成的模型结构。陈红杰（2013）[69]详细地介绍了 LSM 方法、甘特图法、CPM/PERT 这三种进度计划方法。通过对 LSM 方法与另外两种方法的对比，表明 LSM 方法更适用于线状工程。李荣自等（2016）[70]

针对线状工程的特殊性，对线状工程项目管理的质量、工期、成本三大目标进行两两对比分析，并结合 LSM 技术运用于线状工程项目管理中。刘军生等（2015）[71]结合延长石油科研中心工程项目，运用 BIM 技术在施工管理全过程中的应用研究，基于 BIM 三维模型建立，从生产管理、技术管理、成本管理等多层面解决复杂工程现场施工问题。孙孟毅（2015）[72]利用搜集整理的实际工程的进度数据，利用多元线性回归方法确定了施工活动的速率与影响因素之间的关系，进而构建了基于网络的施工速率回归模型，并通过对施工活动进出基本网络单元位置的探讨实现了基于 LSM 的中国铁路施工进度计划编制模型的构建。王代兵等（2014）[73]探讨了 BIM 在施工管理中的应用，利用 BIM 进行 4D 施工进度的模拟与控制和 5D 的动态成本控制，从而实现进度优化、节约成本、保证质量的目标，有效地处理了项目各方的沟通协调。李擎（2013）[74]归纳了线性计划方法，对铁道部（现铁路总公司部分）集中维修活动的调研数据，利用线性计划理论对数据处理，构建了一个集中修进度计划编制模型 RCMSM，最后通过实际进度与模型数据对比验证了模型在进度计划编制上的优越性。王瑞丰等（2014）[75]针对线状工程项目建设中测量控制网布设及其测量时间方式进行深入的分析，探究 GPRS 测量方式与导线测量方式，促进了线状工程项目的建设。杨坤等（2014）[76]针对克服最小二乘法不具备抗粗差干扰能力的缺点，将稳健估计引入 GPS 水准的粗差剔除中，有效地避免了拟合结果失实的现象，提高了结果的可靠性，结合工程项目实际数据进行拟合的结果，分析得出适合工程的最优拟合方法。陈红杰等（2013）[77]研究了 CPM 方法和 LSM 方法在线状工程应用的优劣，得出 LSM 方法在工期变化时更容易对进度图进行修补的结论。

1.3　研究发展趋势

在科技迅猛发展的今天，新技术、新设备、新材料、新的管理理论不断应用于工程实际中，极大地提升了隧洞施工的技术含量和技术水平。

1.3.1 发展趋势

1. 隧洞工程长大化和微型化

20 世纪 80 年代前，受技术限制，我国隧道工程规模都不大，直到 1987 年 14.3 km 的大瑶山隧道建成，标志着我国长大隧道建设的开始，之后长、大隧道在我国如雨后春笋般发展起来。未来的隧道工程，随着技术的更新与经验的积累，将继续向着长、大化深度发展，大型山岭隧道、大跨度高深度海底隧道、复杂功能的铁道隧道编组等工程将成为下一代长大隧道的发展方向，大直径、长距离的隧道建设将会面临更加严苛的技术要求与管理方案。

同时，微型隧道工程将加速发展，此项新技术的加速发展，将应用于高层建筑、历史名胜古迹、高速公路和铁路以及河道的综合管廊，水电综合利用项目中的引水隧洞等，具有快速、优质、经济、安全等优点。对此类小截面隧洞建设亟需一套系统完善的工程技术指南，用以解决目前此类隧道工程作业过程中不规范的施工措施与管理对工程项目造成的损失，让这种微型隧洞工程的技术发展能得到较大程度的改善。

2. 城市地下空间利用的综合化、分层化与深层化

全国各地省会等各大城市纷纷开始修建地铁，缓解城市交通压力。未来城市地铁等轨道交通网络将由隧道工程承载。21 世纪城市地下综合体将会大量出现，地下步行道系统、地下快速轨道系统、地下高速道路系统结合体，以及地下综合体与地下交通换乘枢纽的结合等。从地面到地下，地面、地下协调发展，空间的充分利用，功能互补将是不可抵挡的趋势。

同时，大都市由于地下浅层空间基本开发完毕，为了综合利用地下空间资源，深层开挖技术和装备将会加速发展并逐步完善。这将在城市地下形成多层面的空间结构，以服务功能区为中心，向外辐射，人、车分流，市政工程、污水和垃圾处理分层而治。

3. 效率工程与高新技术的强强结合

（1）快速施工（TBM）将是未来隧道修建的主攻方向。

隧道机械化是快速施工的主要措施，隧道掘进机（TBM）和盾构机

将成为地下隧道快速开挖的利器。

（2）3S技术在地下空间开发中的应用将得到加强。

由于地下空间开挖中定位和对地质地理信息的需要，GPS（全球定位系统）、RS（遥感）和GIS（地理信息系统）技术在地下空间开发中将会得到广泛应用。

1.3.2　技术发展趋势

隧洞开挖技术领域的发展依托于各种地质条件下开挖方式的选取与施工中遇到的困难点进行的技术优化[78-79]。考虑最广泛的应该是为了满足复杂地质和特殊地质下施工机械的改变与施工方案的优化。例如隧道发展的过程由明挖到钻爆法到TBM掘进的变迁，这体现了机械的变迁，从而改变了原来隧道选取只是浅、短的特点，使得目前的隧道朝着深、长进步。对于施工过程中遇到的隧洞过长导致的通风、投料、出渣困难的问题而采用的竖井运用则是施工方案的选择优化。对大型隧道的开挖，国内外目前都采用的是盾构施工[80-82]。但是盾构施工也会面临大量的问题，例如盾构机的刀片更换、出渣效率、盾构过程中的塌方等仍需要大量的改善研究。对于小型隧道，钻爆法是很多工程采用的比较成熟的方法，钻爆法提供了施工快捷方便经济的优点，但是钻爆施工往往都是野外作业，无法运用到近郊或城镇隧洞施工中。对于这种小型隧道的施工缺乏更加经济快捷有效的开挖方式[83-84]。

隧洞支护技术研究往往面临地质薄弱地段，也就是在原本支护方案的施工中遇到突发状况下的支护方案变更[84-85]。隧洞支护形式仍在不断发展，新奥法[86-88]作为一种新型的施工方法，与传统的隧洞施工方法的区别在于以岩土力学原理为基础，合理地利用围岩的自承能力，尽量减少开挖隧洞时对围岩的扰动，以喷射混凝土、锚杆、挂网为主要支护手段，及时封闭，使围岩成为支护体系的重要组成部分，形成了以锚杆、喷射混凝土和洞室围岩为三位一体的承载结构，从而利用围岩的自身承载能力，达到围岩稳定的目的。控制爆破，适宜的锚、喷及其他支护，及时的现场量测反馈是新奥法施工的主要措施。通过对围岩与支护的现场监测，及时反馈围岩支护复合体的力学动态及其变化状况，为二次支护提供合理的实施时机；通过监控量测及时反馈的信息来指导工程的设计与施工。对于突发塌方涌水则需要特殊的多种支护混合运用。研究趋势则是改善新奥法支护，使用更经济更合理的支护方案，达到节约资源缩短工期的目的[89-90]。

隧洞出渣的运输方式与设备选择是一个系统工程，特别是对于工期长、难度大的隧洞，出渣方式的选择直接决定了工程的施工难度和造价，因此必须结合现场的各方面条件。目前的机械出渣已取代人工出渣，但是有轨出渣和皮带出渣等出渣方式面临的还是效率的提高和出渣过程中泥浆的处理，为了完善和发展传统的运输出渣方法、弥补其不足，研创出一种新型隧洞出渣系统是很有必要的[91-92]。例如瑞典研制的渣箱法系统[93]，该系统亦属无轨运输，它是采用一种 U 形框架卡车与一大型可卸式装渣箱组成。现用于有限空间的隧洞工程出渣，该车可在 10.5 m 宽的隧洞中转弯，一次可装渣 30 m^3。渣箱法要求在每次爆破后极短的时间内清理出工作面，整个出渣过程与运距无关。该法的概念关键在于使用极少量的运输车与大量的渣箱配套使用，构成出渣运输机械系统。出渣工序中的装渣设备使用情况与传统出渣方法相同，其改进之处在于减少了运输车的数量而增加装渣箱数量。使一个开挖作业循环的渣量全部装入多个渣箱内，再将装渣箱暂存于洞内的渣箱储存区，待工作面迅速清理完毕后，利用钻爆的其他工序时间，将暂存渣箱运出，使运渣工作处于非关键线路上，不占用直线工期。该方法在日本凯瑞萨卡隧洞工程中得到应用，仅用了 2 台运输车来运载多达 18 个容积为 16 m^3 的渣箱，每次爆破后仅需 100 分钟来清理工作面，节约了大量的工期。此后该方法在日本许多公路和铁路隧洞出渣所采用。

新型出渣系统与传统出渣方法从本质上来装渣方法没什么不同，只是在运输方式上有很大的不同。从新型出渣系统的施工过程中可以看出，新方法确实弥补了传统方法的不足，是对传统方法的补充和发展[94-95]。作为一个方法本身，它也存在着一些不足之处，如设备使用的灵活性，重复多次使用的渣箱拆装过程，渣箱使用的单一性以及专业性更强的技术要求等，一些临时承担某项工程的非专业化队伍，若采用这种方法可能不及用传统方法来得更得心应手，方便自如。渣箱法出渣产生的效益是无疑的，其存在的不足有待于在实践中发展和完善。

由上述渣箱法系统不难看出对出渣系统的研究是广大科研技术人员不能忽视的研究方向。

1.3.3　施工管理研究趋势

工程管理离不开质量、进度、成本这三大目标，对于实际隧洞（道）工程而言，管理贯穿着整个工程项目[96-98]。从大方面的管理可能是对整体工程的总体把握，但是只有对具体细部工程的全面管理才能实现整体项目的管理。工程管理理论体系围绕着三大目标使得工程顺利进行，但是实际工程中不可预测因素的多样性，导致管理水平参差不齐，这也导致了很多科研技术人员对管理的研究流于各种因素对工程的影响程度，基于现有的各种评估体系对各因素的识别鉴定，尚缺少管理方法的革新[99-102]。

从整体的项目管理出发，改善管理水平最有效的方法还是理论方法的创新和运用信息化手段管理工程[103-104]。BIM技术[105-106]的推广应用于实际工程管理还存在很多问题，主要存在项目信息的公开透明、各方协助、技术人才方面。对于隧洞（道）这类线状工程，目前国外研究的LSM线状工程进度计划方法[72, 107]相比较传统的网络计划技术，在线性工程上的应用具有明显的优势，对于引水隧洞施工这种线性工程有更强的适用性。线性计划方法在线性工程中的应用具有以下优势：

（1）能够精确地模拟活动的活动进展情形和施工的速率。

（2）能够图形化地、更加简洁地展示施工的过程。

（3）能够更加全面、准确地描述施工活动之间的各种约束。

CPM：开始-开始/开始-结束/结束-开始/结束-结束（SS/SF/FS/FF）；

LSM：约束（minimum/maximum time/distance buffer）。

（4）能够保持施工活动的连续性。

基于LSM技术和BIM信息化平台的研究发展是隧洞（道）等线状工程管理应用研究的趋势，能较好地改善国内工程管理现状。

1.4 研究内容与目标

1.4.1 研究内容

本项目为龙开口水资源综合利用工程，施工线路长，工程项目较多，综合性专业性较强，根据本工程的特性，在不良地质条件下的隧洞工程实现快捷施工新技术新工艺应用、经济适用型有轨出渣的运用和技术分析，及线性工程的施工规划、经营策划、成本控制等方面进行分析研究，主要新技术应用及研究内容如下：

（1）总结隧洞常用的施工方法、选用原则及适用范围，搜集大量文献资料对目前国内外隧洞（道）施工中常用的施工方法归类比较，分析各种方法使用条件，考虑本项目隧洞的特殊情况，对本项目隧洞施工方案进行优化。

（2）对不良地质条件下的隧洞工程实现快捷施工新技术新工艺的应用，主要以是12#、15#隧洞的不良地质条件下的快捷施工为例，12#、15#隧洞都存在Ⅴ类围岩（砂卵砾石），在传统常规开挖支护方法的基础上进行优化和改进，为实现安全快速施工，采用自进式超前注浆锚杆（花管由传统自进式中空锚杆管壁打孔加工而成）支护技术。在穿越砂卵砾石层与粉砂层等特殊地质条件下的含水洞段，采用自进式超前注浆锚杆支护及超前导洞排水技术联合使用。

（3）研究国内外出渣技术现状，根据本项目隧洞开挖距离长、断面小且围岩稳定性差等特性，对有轨出渣运输技术与无轨出渣技术在操作、安全、经济等方面进行分析比较，分析总结有轨出渣技术的优势特点，对今后类似项目起到借鉴作用。

（4）对线性工程管理的现状进行了分析和总结，并结合龙开口电站水资源综合利用一期工程对进度管理、施工成本管理、线性工程成本控制、施工质量管理、线性工程安全管理等方面进行系统详细的分析研究。

1.4.2 研究目的

以本工程为代表，进行合理的线性工程管理、经济快速的施工工法研究，提出合适、经济、可靠的施工工法，既可以解决本工程的技术问题，保证工程质量，又可以为其他类似工程地质条件下的工程提供借鉴和指导，提升企业的市场竞争能力，增强企业活力。

1.5　研究路线与方法

1.5.1　研究路线（图2-1）

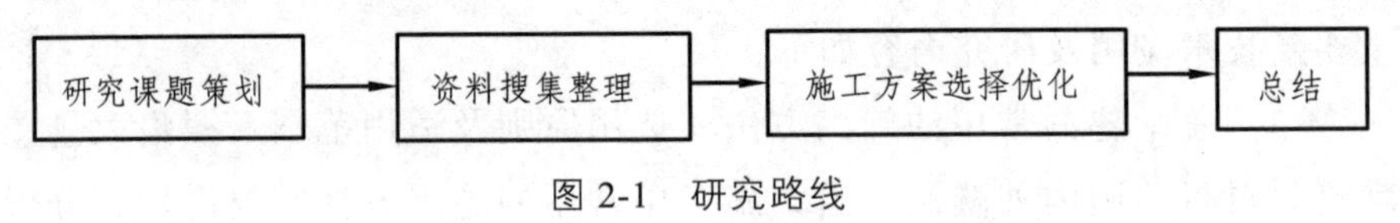

图2-1　研究路线

本书所涉及的科研项目从项目课题的确定之时开始，进行前期的准备工作。前期主要是对项目本身研究内容的资料搜集与国内外相关研究，确保在施工作业过程中对相关技术进行比较全面的认识。针对本工程项目中所用到的支护方案，分析比较同类工程中所用到的支护方案，并针对实际工程中遇到的不良地质段塌方的处理进行方案优化。分析比较本工程中的出渣技术，对本工程运用的有轨出渣在项目实施过程中的优势进行说明。最后总结项目对传统技术的优化应用效果以及今后的应用前景。

1.5.2　研究方法

本书所涉及的研究着眼于龙开口水资源综合利用工程项目，结合国内外隧洞（道）施工技术、项目管理方面的最新研究方向与成果，对本工程中重点技术和主要管理方式进行了分析应用研究，总结出在本工程特殊的施工条件下的传统技术方案的选择优化与管理措施。

分析对比实际工程中出现的各种问题，从理念相似到技术的优化，对施工技术中的开挖、支护、出渣做主要的应用分析研究。通过常规管理理念对项目组织规划方案进行理论分析，最终结合实际完成效果做出准确的结论。在常规管理模式和施工技术方面结合本工程自身特征进行研究分析，形成更适合本工程的技术及管理理论，并在施工过程中进行实践和改进，形成较成熟的成果和经验，使成果应用于实践，并进行实践总结。

1.6 难点及对策

（1）施工总体线性管理规划的科学性、可行性。本书所涉及的技术与管理范围广，分析制定的施工总体规划需要在项目施工过程中一步步验证，对于特殊和重点范畴需结合实际确定处理方案。

（2）本工程隧洞为小断面隧洞，大部分隧洞长度超过 500 m，且处地下水位线以下，在这种施工环境下，机械化施工程度非常低，更多施工只能采用小型设备和人工，施工难度较大，施工进度控制困难；根据工程特性结合传统工艺，拟定更适合本工程施工的施工工艺和方法，同时在施工过程中需加强监测和地质预测，使施工安全、质量、进度等更有保障。

（3）传统技术的优化应用研究。传统技术的优化运用是从原有技术出发，根据实际工程情况进行的优化，并不能保证优化方案的实用可靠，给项目本身带来了风险，如何降低风险是技术优化需要考虑的。对于技术优化和实施，需要进行前期策划、培训、指导等工作，前期工作达不到要求会阻碍技术优化的运用。

（4）监测与施工的冲突。项目中对突发事件的监测会延误施工进度，造成成本增加。监测员监测还必须保证实效性，在施工过程中监测员必须跟随施工队一起，时刻注意施工进程，保证监测的数据可靠。

2　隧洞工程施工支护新技术

2.1　工程建设的背景

为充分发挥大中型水电站水资源综合利用效益，解决云南省缺水问题，尤其是工程型缺水问题的有效途径，在全省水资源配置中具有不可替代的重要作用。按照省委、省政府部署，从2010年3月开始，省水利厅会同省发展改革委开展充分发挥水电站综合利用研究工作，组织中国水电顾问集团昆明勘测设计研究院和云南省水利水电勘测设计研究院，于2011年10月编制完成了《云南省大中型水电站水资源综合利用专项规划报告》。专项规划推荐龙开口水电站等11座水电站供水项目作为近期实施项目，并建议尽快开展前期工作。

（1）大中型水电站水资源综合利用是云南省水资源配置的重要组成。

云南省水资源配置总体战略布局是：一是通过分散式的水利骨干水源工程，就近解决城镇用水和以农业为主的用水，解决水资源的时间分配不均矛盾；二是通过集中配置方式，以跨区域调水工程解决滇中等主要经济发达区的缺水问题，解决水资源空间分配不均矛盾；三是以充分发挥大中型水电站综合利用效益供水作为解决本省水资源时间和空间分配不均的重要补充，有效解决本省骨干蓄水库和调水工程覆盖以外区域的水资源短缺问题；四是通过加强小型水利的建设，解决山区“三农”水资源短缺问题。通过全省水资源的分散与集中配置相结合，可以较好地解决本省2030年水资源时间和空间的供需矛盾，对于促进受水区社会经济发展，保障城镇供水安全，为本省经济桥头堡战略规划奠定的水资源基础等具有重要作用，同时，对于边疆少数民族地区协调发展，巩固安定团结等也具有重要意义。大中型水电站具有巨大的蓄水库容，水库丰富的水资源与日益加剧的供水需求矛盾决定了充分发挥大中型水电站综合利用效益是支撑全省经济社会发展用水需求的重要途径，是云南省水资源配置中的重要组成部分，也是加快水利基础设施建设的集中体现之一。

省委、省政府高度重视大中型水电站综合利用，主要领导多次对充分发挥大中型水电站综合利用作出明确指示，在八届省委第94次常委会和省政府第五十三次常务会议上对水电站综合利用工作作了明确要求。2010年3月召开的全省水利建设工作会议上，时任的秦光荣省长提出“兴水十策”的战略举措，第四策中提出要“提、引、输并举，充分发挥水电站综合利用效益”，“做好电站流域饮水和农田灌溉用水规划和方案，把水电站建设纳入全省水资源统一配置”。

《云南省人民政府关于进一步加快水利建设的决定》（云政发〔2010〕86号）要求“把充分发挥水电站综合利用效益作为进一步加快水利建设的重要措施之一”。中共云南省委、云南省人民政府《关于加快实施“兴水强滇”战略的决定》（云发〔2011〕7号）第二十七条对充分发挥水电站综合利用效益作了专门部署，要求“统筹兼顾防洪、灌溉、供水、发电、航运、水产养殖等功能，将水电站综合利用统一纳入全省水资源配置管理。已建、在建水电站要根据周边供需水情况补建综合利用输配水工程，拟建水电站审批或核准要统筹考虑充分发挥综合利用效益。全面发挥大中型水电站调节能力强、供水保证率高以及综合利用输配水工程技术经济指标较优的特点，实施好充分发挥水电站综合利用效益专项规划确定的输配水工程”。国家水利部主要领导，省委、省政府主要领导多次要求进一步深化充分发挥大中型水电站综合利用效益研究，作为今后解决我省工程性缺水，提高全省供水保障能力，突破水利发展滞后对全省经济社会发展的瓶颈制约的重要措施之一。

（2）龙开口灌区经济社会可持续发展对水利基础设施建设提出了更高的要求。

龙开口灌区是永胜、鹤庆两个县重要的粮食产区，也是我省金沙江河谷热区资源开发的主要地区之一，永胜县的涛源乡、鹤庆县的龙开口镇两个乡镇政府驻地都在灌区内。灌区耕地、人口较为集中，土地相对平缓，资源丰富，交通条件好，经济以农业为主，主要农作物包括水稻、包谷、小麦、豆类、薯杂、烟叶、甘蔗、蔬菜、油菜等。龙开口灌区地处金沙江河谷两岸，海拔高程在 1 170 ~ 1 330 m，大部分耕地多为台地或坡耕地。区域气候类型属南亚热带低纬度山地季风气候，年日照时数 1 900 ~ 2 100 h，光照充足，光热资源条件优越。降水中等，多年平均降雨量约为 950 mm，因受季风环流控制，干湿季节分明，普遍存在冬春缺水，夏秋多雨的现象，降雨大多集中在雨季 5—10 月，占全年降水量的 91%，降水年内分配严重不均，主要的气候灾害为干旱。区内河流水系发育，水资源量相对丰富，但水低田高，丰富的水资源难以利用。灌区农村生活用水主要靠从山区小河沟搭管引水及雨水集蓄等方式来解决，供水保证程度难以满足灌区生产生活的需求，如遇干旱少雨的年份，将会严重影响农业生产，造成作物减产，农村饮水困难。特别是 2009 年 10 月以来，全省范围内大部分地区降水较正常年份明显偏少，持续的高温少雨天气造成我省百年不遇的干旱灾害，给龙开口灌区也带来严重的影响和损失。截至 2010 年的统计，灌区内的涛源乡受灾面积 4.5 万亩（1 亩=1/15 公顷），绝收面积 3.6 万亩，受灾人口涉及 11 个村委会，有 3.1 万人，2.6 万头大牲畜饮水困难，干旱造成直接经济损失 565 万元；龙开口镇受灾面积 2.1 万亩，绝收面积 0.9 万亩，受灾人口涉及 14 个村委会，有 2.5 万人，1.3 万头大牲畜饮水困难，干旱造成直接经济损失 258 万元。

龙开口左干渠灌区内现状仅有东门箐水库、大龙潭水库 2 件小（二）蓄水工程、2 件引水工程和 7 件提水工程，灌区基础设施薄弱，渠系不配套，土壤类型以砂壤土和壤土为主，透水性较强，保水能力差，导致灌溉水利用系数偏低，供水损失过大，水资源浪费严重。现状灌区有耕地面积 71 781 亩，总需水量 5 398×10^4 m^3，但现有水利工程共灌溉 12 006 亩耕地，供水量 623×10^3 m^3，缺水量 4775×10^4 m^3，缺灌面积达 59 775×10^4 亩，工程供水能力严重不足，灌溉保证率低，大片耕地不能得到有效灌溉，农村饮水困难，供需矛盾十分突出。

灌区经济社会的持续发展和人民群众稳定和谐的生活对区内的水利等基础设施提出了较高要求，但严重的工程性缺水局面制约了灌区经济社会的发展，项目的建设势在必行，应尽快开展。

（3）龙开口水电站水资源综合利用是解决区域工程性缺水问题的有效途径。

龙开口水电站工程是以发电为主，兼顾灌溉、供水和防洪等综合利用的大型水利工程，是金沙江中游干流梯级综合利用条件较好的项目。随着灌区经济进一步发展的需求，区域水资源供需矛盾将更加突出，需要寻找新的水源解决未来的缺水问题，为充分开发利用金沙江河谷的光热和土地资源，利用水电站大坝本身抬高水位发展灌溉，发挥龙开口水电站综合利用效益，是解决区域工程性缺水问题的有效途径，在水资源配置中具有不可替代的重要作用，以水资源可持续发展支持经济社会可持续发展，龙开口水电站综合利用工程的建设非常必要。

（4）龙开口水电站水资源综合利用是解决金沙江干热河谷缺水的唯一途径。

由于金沙江及两岸支流的纵横侵蚀切割，龙开口灌区形成 V 型狭谷、两岸遍布冲沟的地形、地貌，河谷东西缓坡台地以上群峰簇聚，山势深厚，东部山巅与江面相对高差最高达 2 345 m，高坡与梯地相间，山高坡陡，江水低矮，除抽水利用外无法自流灌溉。龙开口灌区地表水的分布特征是北部多于南部，山区多于坝区和河谷区，贫水区就处在金沙江的河谷地带。在工程区域内，降水量从金沙江河谷向山区递增，涛源镇附近为少雨区，多年平均降水量仅 600 mm，从河谷到山区随着高程的增加降水量增至 1 000 mm 左右。径流来源于降水，与降水相应，径流深从两岸的山区向金沙江河谷以及从干流的上游向下游递减，工程区的山区径流深约为 300 mm，至河谷区的嘉禾减至 200 mm，再向下游的太极又减至 100 mm，而甘庄、沿江、涛源一带仅有 50 mm。该地区径流年内分配极不均匀，受降水及地质条件的影响，金沙江沿途各支流的枯期径流很小甚至会出现断流。错综复杂的地貌、特殊的地理条件和自然状况使得灌区内水资源不仅开发条件差，而且可有效利用的水资源量也极为有限，因此龙开口水电站水资源综合利用是解决金沙江干热河谷缺水的唯一途径。龙开口水电站多年平均流量 1 690 m^3/s，多年平均径流量 533.3×10^8 m^3，如此丰富的水资源量，使电站成为灌区内唯一具有可靠保证的水源工程。随着龙开口水电站综合利用工程（一期）项目的建设实施，到规划水平年 2030 年，将能提供灌区内 69 597 亩耕地的灌溉和 8 209 人、16 028 头大小牲畜的农村生活用水，总供水量可达 4 136×10^4 m^3，为人民群众生产、生活和灌区经济发展提供了有力的保障，经济和社会效益是相当显著的。

2.2　项目建设任务

龙开口电站水资源综合利用一期工程，主要为永胜县涛源镇片区提供农业灌溉用水及人畜饮水。渠首设计流量 4.7 m^3/s。工程等别为Ⅳ等，规模为小（1）型，主要建筑物级别为 4 级。输水干线取水口位于龙开口水电站大坝左岸，线路沿着金沙江左岸山体布置，最后到达涛源镇镇政府所在片区，线路总长为 65.7 km。沿线由 120 座主要建筑物组成，其中明渠 40 段，长度共计 43.3 km；隧洞 15 条，长度共计 15.6 km；渡槽 10 座，长度共计 1.7 km；倒虹吸 16 座，长度共计 4.2 km；暗涵 1 座，长 0.6 km；13 座提水灌溉泵站；25 个自流灌溉分水口。

本项目是云南省第一个水电站与水利工程相结综合利用的省重点项目之一，也是云南省人第一个兼顾农业灌溉及人畜饮水的示范性工程，项目从渠首至渠尾涉及丽江市永胜和大理白族自治州鹤庆两个县，约 15 个自然村，施工线路长达 65.7 km，为施工项目较多、综合型较强、施工干扰较大、施工组织和协调难度较大的线性工程；项目隧洞共 15 条为小断面隧洞，隧洞长度在 240.6~4 158.9 m，穿越的地质条件比较复杂，围岩稳性差，开挖施工技术要求高。

根据灌区供需平衡成果以及省政府投资项目评审中心项目建议书阶段的评审意见，龙开口水电站综合利用工程（一期）的供水任务确定为：提供龙开口左干渠灌区农业灌溉和农村生活用水。工程主要涉及丽江市永胜县涛源乡和大理州鹤庆县龙开口镇，总供水量 $4\ 136\times10^4\ m^3$，其中农业灌溉供水量 $4\ 082\times10^4\ m^3$，农村生活供水量 $54\times10^4\ m^3$。

2.3　工程地质

2.3.1　工程概况

龙开口电站水资源综合利用一期工程供水任务为永胜县涛源镇片区

农业灌溉供水及人畜饮水。首设计流量 4.7 m³/s，加大流量为 5.875 m³/s。龙开口电站水资源综合利用一期工程等别为Ⅳ等，规模为小（1）型，主要建筑物级别为 4 级，次要建筑物及临时建筑物级别为 5 级。

龙开口电站水资源综合利用一期工程输水干渠取水口位于龙开口水电站大坝左岸，进口底板高程 1 287.5 m，线路沿着金沙江左岸山体布置，最后到达涛源镇镇政府所在片区，线路总长为 65.7 km。沿线由 83 座建筑物组成，其中明渠 40 段，长度共计 43 266.479 8 m，占总长的 65.86%；隧洞 15 条，长度共计 15 613.065 m，占引水系统总长的 23.76%；渡槽 10 座，长度共计 1 739.261 m，占总长的 2.65%；倒虹吸 16 座，长度共计 4 166.262 m，占总长的 6.34%；暗涵 1 座，长 562.148 m，占总长的 0.86%；明管 352.785 m，占总长的 0.53%。本段线路引水设计流量为 0.5～4.7 m³/s，加大流量为 0.625～5.875 m³/s，沿线共设 25 个自流灌溉分水口，13 座提水灌溉泵站。

2.3.2 水文气象特征

本工程位于永胜县的西南部，属低纬度高原季风气候，具有冬春干旱、夏秋多雨、雨热同季，高山多湿寒、平坝多干旱燥热和南热、中暖、北高寒的气候特点。属于河谷亚热带类型，气候干热、湿度较小、少雨，多年平均气温为 18.4～20 °C。多年平均日照 2 356.1 h，日照百分率为 54%，多年平均相对湿度为 68%。20 cm 蒸发器多年平均蒸发量 2 123.5 mm，最多年蒸发量 2 491.7 mm（1966 年），最少年蒸发量 1 759.4 mm（1990 年）。多年平均风速 2.8 m/s，极端最大风速 20 m/s（1967 年 4 月 19 日），相应风向 S。

本工程地处区域雨季一般开始于 5 月下旬，结束于 10 月下旬，雨季 5—10 月降水量占全年降水量的 94%，而最集中的 6—9 月四个月降水量占年降水量的 81%，12 月—次年 3 月降水量仅占年降水量的 2.8%，多年平均降水量为 600 mm。

径流来源于降水，该地区径流年内分配极不均匀，受降水及地质条件的影响，金沙江沿途各支流的枯期径流很小甚至会出现断流。洪水由暴雨形成，输水线路所经支流的洪水历时一般 10～24 h，具有山区小河流一般洪水特性。

2.3.3　区域地质

2.3.3.1　地形地貌特征

工程区位于云贵高原西北部的金沙江河谷区，属横断山脉的一部分，以堆积、侵蚀地貌为主，其次为剥蚀地貌。区内地势东西部较高，中部金沙江流域较低，最高峰位于北西部的石宝山，海拔 3 628.6 m；西部山岭构成金沙江与澜沧江水系分水岭，山峰海拔标高 3 200 ~ 3 900 m，切割深 1 200 m 左右，为深切割高中山地形；中部金沙江河谷最低，金江街附近江面高程仅 1 168 m，山脉海拔标高 2 400 ~ 2 800 m，切割深 500 ~ 1 000 m，为中切割中山地形，河谷形态以“V”形谷为主，河流宽缓地带有阶地堆积；东部山区海拔高程在 2 500 ~ 3 200 m，切割深度 1 500 ~ 2 000 m，为深切割高中山地形。区内共发育 5 级剥夷面，海拔依次为 2 000 ~ 2 400 m，2 400 ~ 2 700 m，2 700 ~ 3 000 m，3 000 ~ 3 400 m，3 400 ~ 4 000 m。区内地势崎岖，重峦叠嶂，在群峰之间分布有山间盆地，较大的有丽江、鹤庆、金官、永胜等盆地，地形平坦。工程区段金沙江总体流向前段自北向南，至下干村后流向转为由西向东。按成因，工程区域地貌类型主要有：

1）堆积地形

区内主要有山麓洪积扇裙及河谷阶地堆积两种。

山麓坡洪积主要分布于程海、期纳一带，沿程海断裂带南北向展布，地表东西两侧山麓冲洪积裙发育，彼此相互衔接，组成冲洪积平原，呈狭长条形分布，地面波状起伏，标高 1 400 ~ 1 700 m，向南北倾斜，坡度 3° ~ 5°。

河谷阶地主要分布于金沙江两岸宽缓开阔地带，共有四级堆积阶地及漫滩发育，各级阶地均具明显冲积成因的二元结构，上部为粉砂、砂土，下部为砂卵砾石，皆为不对称阶地，一般宽数百米，长千余米。漫滩一般沿江两岸呈条带状断续分布，由砂卵砾石组成，厚 0 ~ 20 m；Ⅰ级阶地高出河床 10 ~ 15 m，堆积厚 10 ~ 40 m；Ⅱ级阶地高出河床 20 ~ 40 m，堆积厚 5 ~ 15 m；Ⅲ级阶地高出河床 50 ~ 100 m，堆积厚度大于 10 m；

Ⅳ级阶地高出河床 100 ~ 200 m，堆积厚度大于 50 m。Ⅰ、Ⅱ级阶面平坦，Ⅲ、Ⅳ级多波状起伏。

2）溶蚀构造地形

工程区主要为岩溶褶皱中山地貌，主要分布于工程区北部和西部三叠系碳酸盐岩分布区，高程 1 500 ~ 3 200 m，相对高差 1 000 ~ 1 600 m，主要为松桂褶皱区组成。地貌区内山岭波状起伏，侵蚀切割强烈，沟谷深切，河谷常呈箱形或“V”形，山岭间漏斗、落水洞、坡立谷及岩溶洼地较发育。

3）侵蚀构造地形

工程区内主要为中切割桌状中山地貌，广泛分布于区域中部二叠系层状玄武岩组地区，山峰海拔 2 400 ~ 2 800 m，相对高差 800 ~ 1 000 m，金沙江及其支流纵贯其中，侵蚀切割强烈，山岭平坦，山顶平缓，沟谷及水系发育，瀑布和跌坎多见。

4）剥蚀构造地形

区域主要为浅切割剥蚀构造中山地貌，分布于工程区西部松桂街一带，由三叠系松桂组泥页岩及砂岩组成的北北东向宽缓短轴向斜组成，高程 2 000 ~ 2 500 m，相对高差 200 ~ 500 m。山岭呈北北东向展布，与褶皱轴一致，长期遭受剥蚀作用为主，地形切割不大，山顶浑圆，山坡平缓，常形成缓坡和台地。

2.3.3.2　地质构造

按大地构造单元划分，工程区域处于永胜—宾川差异隆起区（$Ⅲ_1$）内，东南邻盐边—攀枝花掀斜凹陷区（$Ⅱ_2$），北西与鹤庆—剑川差异凹陷区（$Ⅲ_2$）接壤，西南与苍山—洱海差异凸起区（$Ⅲ_3$）相连（图 2-1）。永胜—宾川差异隆起区（$Ⅲ_1$）为古生代至三叠纪的坳陷带，晚二叠世发育了厚达 3 590 m 的基性火山岩建造，中生代以来经受印支、燕山，特别是喜马拉雅运动的强烈作用，形成变形相当强烈的地台边缘褶皱-断裂带。

工程场址区二级构造单元属松桂褶皱区，本区大面积玄武岩分布，褶皱、断裂不发育，涉及本区的主要构造形迹有：

（1）松桂向斜：位于工程区域西侧，展布于大黑山—肇碧山—大水箐一带，核部为上三叠统松桂组（T_3sn），两翼为上三叠统中窝组（T_3z）、中下三叠统及上二叠统各地层，东翼岩层倾角约 40°，西翼约 25° ~ 30°，不对称，向斜较开阔，两翼发育甚多次级褶皱，略呈雁行式排列，多为不对称之短轴褶曲。

（2）滴水向斜：轴向 N45° ~ 55°E，核部地层 T_2b，两翼 $T_1 \sim T_2b$，两翼岩层倾角 14° ~ 15°，为对称的短轴背斜，位于工程区北部。

（3）板桥背斜：轴向 N30° ~ 40°E，核部地层 $P_2\beta^3$，两翼 $T_1 \sim T_2b$，两翼岩层倾角 15° ~ 18°，为对称的短轴背斜，位于工程区北部。

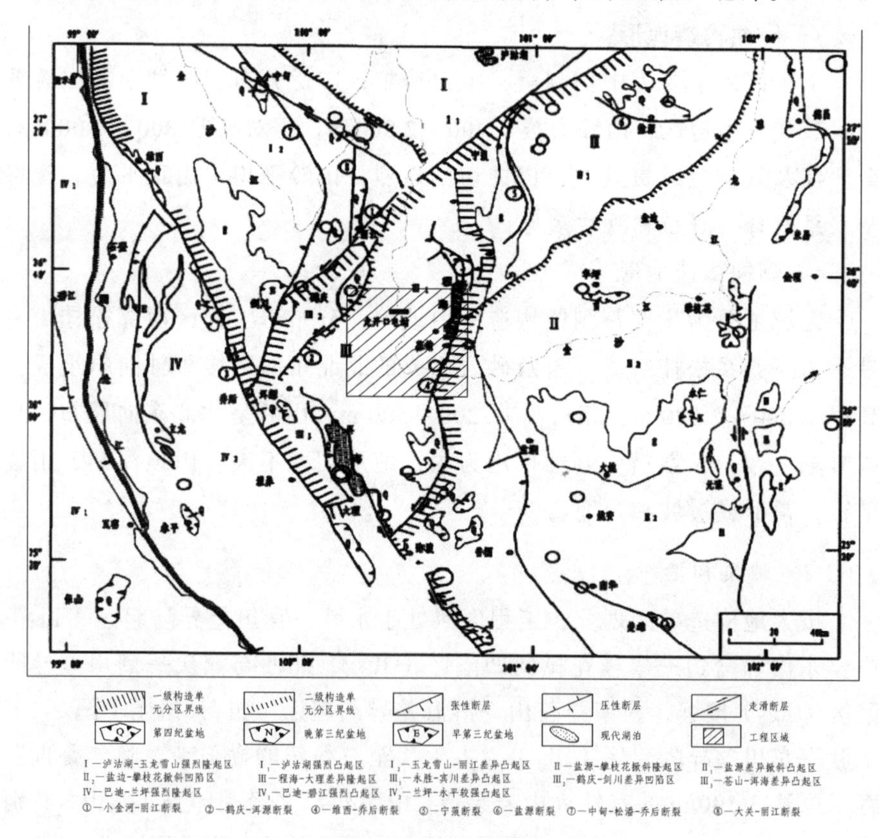

图 2-2　地质构造图

（4）程海断裂：呈近南北向贯穿于测区东侧，程海以南呈北北东向，永胜县以北由北西向转为北 25°东，倾向北西，倾角 30° ~ 50°，距输水工程区首部约 27 km，距输水工程区尾部仅 3.3 km。全长约 226 km，主干断裂延伸长约 74 km，宽 200 ~ 500 m，主要由破碎带、角砾岩、碎裂岩及断层泥组成，见擦痕。该断层为盐源冒地槽与滇中台背斜的二级构造单元的分界线，其东侧平川街断层及分布南北两侧若干平行断层均为其派生。

2.3.3.3 地层岩性

本区地层岩性复杂，受构造影响，地层出露不全，总体上不同成因、不同时代地层呈近南北向展布、东西排列。区域内分布有沉积岩、岩浆岩及松散岩层，其中岩浆岩分布面积较广。

区内与工程相关的主要为第四系全新统和更新统及二叠系玄武岩。全新统（Qh）为现代坡积、洪积、冲积和湖积黏土、砂质黏土、粉土、砂卵砾石夹泥炭等。区域厚度 0 ~ 100 m，分布于工程区山间盆地、沟谷两岸及河床地带；更新统（Qp）：堆积具明显二元结构，底部为卵砾石层，砾石成分以玄武岩为主，少量为砂岩、灰岩；上部为粉砂层夹土黄色黏土、粉土，表层有较多的钙质结核团块。

二叠系上统玄武岩组上段（$P_2\beta^3$）：上部致密状玄武岩；中部灰绿、深灰色杏仁状玄武岩夹斜长斑状玄武岩及紫色凝灰质页岩；底部为斜长斑状玄武岩、角砾状玄武岩或火山角砾岩，区域厚度 925.0 ~ 944.6 m；二叠系上统玄武岩组中段（$P_2\beta^2$）：深灰、灰绿色杏仁状玄武岩及致密状玄武岩夹凝灰岩，上部夹透镜状灰岩。底部：灰绿、灰色火山角砾岩，区域厚度 1 815.4 m；二叠系上统玄武岩组下段（$P_2\beta^1$）：黄绿色杏仁状玄武岩，底部岩性为紫色、黄绿色凝灰质砂岩，区域厚度 123.7 m。

另外，在区域范围内距线路较远的部位还出露有以下地层。

（1）下第三系（E）紫红、紫灰色厚层状砂砾岩。区域厚度 1 132.7 m，分布于工程区北西鹤庆盆地东部边缘山坡。

（2）侏罗系（J）上统妥甸组（J_3t）：紫红色块状泥岩夹灰绿色泥岩及泥灰岩。区域厚度 487.5 m，条带状分布于区域东部。

中统蛇店组（J_2s）：上部：浅紫色中厚层状细粒石英砂岩夹泥质砂岩及砂质页岩；中部：浅紫色中至厚层状中至粗粒石英砂岩夹砾岩；下部：黄色厚层状中粒石英砂岩夹紫色页岩。厚度 1 189.9 m。

中统张河组（J_2z）：上部：紫色页岩夹薄至中厚层状细至中粒长石石英砂岩；下部：紫、灰绿色细至中粒含长石石英砂岩夹杂色砂质泥岩，南部产植物碎片，厚度 200.6 m。

下统冯家河组（J_1f）：上部：紫红色中厚层状中粒石英砂岩夹砂质泥岩，北部夹透镜状灰质砾岩。下部：紫红色泥岩夹灰绿色页岩及细粒石英砂岩，局部夹不稳定赤铁矿层。厚度 332.8 m。

（3）三叠系（T）上统舍资组（T_3s）：

上部：灰绿色页岩、砂质页岩夹黄白色细至中粒砂岩；下部：黄、黄灰色厚层状中至粗粒长石石英砂岩、石英砂岩夹砂质页岩及炭质页岩。厚度 1 463.7 m。

上统干海子组（T_3g）：岩性为灰绿色砂质页岩、泥质砂岩、细粒长石石英砂岩、黑色炭质页岩及煤层。厚度 219.4 m。

上统松桂组（T_3sn）：上部为灰绿色泥岩、页岩夹中层状长石石英砂岩及煤线；下部为灰色中至厚层状细至粗粒石英砂岩、长石石英砂岩、泥岩、页岩。底部夹煤层。厚度大于 520.0 ~ 1069.1 m。

中统中窝组（T_3z）：深灰色中厚层状灰岩、泥质灰岩，夹黄绿色页岩及粉砂岩，灰岩中局部含燧石结核。底部具铝土页岩或含铁砂岩。厚度 191.0 ~ 230.0 m。

中统白衙组上段（T_2b^2）：浅灰色厚层状白云质灰岩及白云岩，顶部为纯灰岩。厚度 354.2 ~ 440.0 m。下段（T_2b^1）：深灰色薄饼状泥质灰岩、灰绿色页岩、粉砂岩及灰质细粒砂岩。厚度 214.0 ~ 371.7 m。

下统（T_1）：

上部：黄灰绿色砂岩夹页岩，东部细至中粒凝灰质砂岩为主；下部：紫、灰绿色页岩夹细至粗粒长石砂岩及凝灰质砂岩。厚度 369.9 ~ 486.2 m。

（4）二叠系（P）上统黑泥哨组（P_2h）：为玄武岩、砂岩、页岩、灰岩夹煤或炭质页岩。区域厚度 309 ~ 658.9 m。下统（P_1）：上部为浅灰色块状灰岩夹生物灰岩，下部为灰色块状灰岩、西部夹鲕状灰岩及生物灰岩。区域厚度 260.0 m。

（5）石炭系（C）上统（C_3）：灰色块状灰岩夹生物灰岩及鲕状灰岩。区域厚度 137 m。中统（C_2）：浅灰色块状灰岩夹鲕状灰岩。区域厚度大于 374 m。下统（C_1）：岩性为灰色厚层状灰岩及鲕状灰岩，底部具硅质角砾状灰岩。区域厚度 138 ~ 200.0 m。

（6）泥盆系（D）上统（D_3）：黑白色条带状薄层硅质岩夹粉砂岩、硅质灰岩及页岩。厚 57 ~ 205.0 m。中统（D_2）：浅灰色灰岩及白云质灰岩，底部为石英砾岩。厚度大于 360 ~ 1 184 m。

此外，区域内还分布有燕山期石英正长斑岩、灰石正长斑岩、角闪正长斑岩（$\xi\pi_5^3$）及石英闪长岩（δo_5^3），华力西期灰长岩（ν_4^3）。

2.3.3.4 水文地质条件

工程近场区域位于南北、北西及东西向构造体系复合部位，构造复杂，地形陡峻，山高谷深，岩性以碳酸盐岩、岩浆岩和第四系松散层为主，水文地质条件受构造、岩性、地貌控制。根据地下水赋存条件、水动力特征及岩性组合关系，区内地下水类型包括：松散岩类孔隙水、基岩裂隙水及碳酸盐岩裂隙溶洞水，分述如下：

（1）松散岩类孔隙水：区内该类含水层（组）主要由下第三系（E），第四系冲积（Q^{al}）、湖积（Q^{l}）、洪积（Q^{pl}）、冲洪积（Q^{apl}）、冲湖积（Q^{lal}）等不同成因类型的堆积物组成，主要分布于山间盆地、河床及两岸阶地。地下水为大气降水补给为主，富水性强，水量受地域控制明显，不同地域水量从贫乏到丰富变化明显，地下水水质类型主要为 HCO_3-Ca 和 HCO_3-Na 型，矿化度一般小于 0.1 ~ 0.3 g/L，pH 为 6 ~ 8。

（2）基岩裂隙水：该类含水层（组）包括构造裂隙水和孔洞裂隙水两类，广泛分布于工程区域内。

① 构造裂隙水：含水层（组）包括 D_3、T_1、T_3z、T_3sn、T_3g、T_3s、J_1f、J_2z、J_2s、J_3t 等古生界—中生界沉积岩组，岩性为紫红色粉砂岩、砂岩、砂质泥岩、泥岩，夹含砾砂岩及透镜状泥灰岩等，富水性贫乏—中等，地下径流模数 0.036 ~ 1.192 L/(s·km²)，地下水类型主要为 HCO_3-Ca 型，矿化度一般 0.06 ~ 0.34 g/L，pH 为 6 ~ 8。

② 孔洞裂隙水：含水层（组）包括 $P_2\beta^1$、$P_2\beta^2$、$P_2\beta^3$、P_2h 等岩组，岩性为致密状玄武岩、杏仁状玄武岩、凝灰质玄武岩、角砾状玄武岩及粉细砂岩、炭质页岩等，富水性中等，地下径流模数 0.5 ~ 1.0 L/(s·km²)，

地下水水质类型主要为 HCO_3-Ca 型或 HCO_3-Ca+Mg 型，矿化度一般 0.096 ~ 0.255 g/L，pH 为 6 ~ 8。

（3）碳酸盐岩裂隙溶洞水：区内该类含水层（组）主要为 D_2、C_1、C_2、C_3、P_1、T_2b^1、T_2b^2 等 7 个含水岩组，岩性为灰岩、白云质灰岩、泥灰岩、生物碎屑灰岩，局部泥质灰岩夹灰岩、页岩、粉砂岩，地下水主要赋存于溶隙、溶孔及溶洞暗河中，溶洞暗河强烈发育—中等发育，泉水流量 10 ~ 540 L/s，水化学类型大多为 HCO_3-Ca+Mg 型，矿化度一般小于 0.3 g/L，PH 值 6 ~ 8。

松散岩类孔隙水接受大气降水补给，基岩裂隙水和碳酸盐岩裂隙溶洞水除接受大气降水补给外，还接受部分第四系孔隙水下渗补给。地下水以散流状排向所在河流（沟谷），或以泉水方式集中排出地表，而后两岸地表水、地下水汇集排泄于今沙江。金沙江河床为当地地下水最低排泄基准面。

2.3.3.5　区域构造稳定性及地震动参数

工程区大地Ⅰ级构造单元为扬子准地台，Ⅱ级构造单元为盐源—丽江台缘褶皱带，区内断裂、褶皱发育，新构造运动迹象明显，工程区域构造稳定性主要受中甸—大理强震发生带和永胜—宾川强震发生带影响较大。纵观区域内历史地震分布及活动规律，场内地震活动与构造体系的关系十分密切，特别是南北向构造体系的程海断裂带，可能是活动性断裂带，其新构造运动主要表现为山区强烈上升，盆地相对下降，新生界堆积厚度较大，地形切割强烈，温泉沿断裂带呈线状分布，沿断裂带地震活动频繁。工程区周边尚有大厂断裂、永胜—箐河断裂、丽江—剑川断裂及金沙江断裂等晚第四系以来显著活动的断裂（带）发育。区域内历史地震共有 $M_s \geqslant 4.7$ 级地震 179 次，其中 $4.7 \leqslant M_s < 5$ 为 35 次，$5 \leqslant M_s < 6$ 为 110 次，$6 \leqslant M_s < 7$ 为 30 次，$7 \leqslant M_s < 8$ 为 4 次。近工程区约 30 km 范围内历史地震 $M \geqslant 4.7$ 级的有 6 次，以 1511 年发生在永胜的震级最大，达 7.5 级。现代仪器记载 2.0 ~ 4.9 级地震在工程区有 203 次，以弱震为主。

根据 1 : 400 万《中国地震动参数区划图》（GB 18306—2001），建筑物区地震动峰值加速度为 0.20g、地震动反应谱特征周期为 0.40 s，相应地震基本烈度为Ⅷ度。工程区距 0.30g 范围直线距离为 12 ~ 16 km，历史上有 5 次 5≤M<7 的地震活动，根据《水利水电工程区域构造稳定性勘察技术规程》DL/T 5335—2006 规定，本区划归为区域构造稳定性较差区。

2.3.4 隧洞工程地质条件

2.3.4.1 地形地貌

隧洞工程沿线地貌类型包括堆积成因的河谷阶地堆积地貌及侵蚀构造成因的中切割桌状中山地貌。地形总体西北高，东南低，最低点为金沙江与期纳三道河交汇处的金江大桥河谷，高程为 1 175 m。输水线路沿金沙江左岸布置，堆积地貌地形平坦开阔，坡度 5° ~ 20°，侵蚀地貌地形坡度 20° ~ 40°，局部达 60° ~ 70°；岸坡羽状、树枝状水系发育，多呈大角度汇入干流金沙江，主要河流有小箐河、山田河、箐口河、金江街河及三道河，河口均有洪积扇发育，沟底泥石流堆积较厚；第四系覆盖渠段侵蚀性冲沟发育,沟谷切割深 3 ~ 50 m,岸坡局部有小规模坍塌体发育。

沿线所经过Ⅰ级阶地前前缘高程上游—下游大致为 1 230 ~ 1 200 m，后缘高程 1 235 ~ 1 205 m，高差约 5 m，前缘坎高 2 ~ 3 m；Ⅱ级阶地前前缘高程上游—下游为 1 260 ~ 1 230 m，后缘高程 1 270 ~ 1 240 m，高差约 10 m，前缘坎高 5 ~ 10 m；Ⅲ级阶地前前缘高程上游—下游为 1 310 ~ 1 260 m，后缘高程 1 330 ~ 1 280 m，高差约 20 m，前缘坎高 5 ~ 10 m。

2.3.4.2 地层岩性

隧洞沿线出露地层有：新生界第四系，中生界侏罗系、三叠系，古生界二叠系、石炭系、泥盆系等，各地层岩组由新至老分述如下：

（1）第四系（Q）。

① 冲洪积（Q^{pal}）：为砂卵砾石夹漂石，无分选，厚 0 ~ 20 m，分布于工程区山间盆地、沟谷及河床地带。

② 一级阶地堆积（Ⅰ-Q^{pal}）：具明显二元结构（图 2-2），上部为粉砂、粉土及砂土，偶夹砾石，下部为砂卵砾石，厚 10 ~ 40 m，断续分布于金沙江两岸，高出河床 10 ~ 15 m。如图 2-3 所示。

③ 二级阶地堆积（Ⅱ-Q^{pal}）：具二元结构，上部为粉砂质黏土或亚砂土、粉土，厚 2 ~ 10 m，下部为砂卵砾石及砂层，厚大于 4 m，断续分布

于金沙江两岸台地，高出江面 20～40 m，较密实。

图 2-3　金沙江一级堆积阶地二元结构图

④ 三级阶地堆积（Ⅲ-Q^{pal}）：具二元结构，上部为黏土及砂层、粉土，下部为卵砾石夹砂层，厚度大于 10 m，零星分布于金沙江两岸台地，高出河床 50～100 m，中等密实。

（2）侏罗系（J），出露中、下统。

中统张河组（J_2z）：

上部：紫色页岩夹薄至中厚层状细至中粒长石石英砂岩；下部：紫、灰绿色细至中粒含长石石英砂岩夹杂色砂质泥岩，南部产植物碎片。分布于渠尾金江大桥北东角。

下统冯家河组（J_1f）：

上部：紫红色中厚层状中粒石英砂岩夹砂质泥岩，北部夹透镜状灰质砾岩。下部：紫红色泥岩夹灰绿色页岩及细粒石英砂岩，局部夹不稳定赤铁矿层。分布于渠尾金江大桥北东巴巴坪一带。

（3）三叠系（T），零星出露中、下统地层。

中统白衙组下段（T_2b^1）：深灰色薄饼状泥质灰岩、灰绿色页岩、粉砂岩及灰质细粒砂岩。分布于渠首北侧小箐河右岸坡。

下统（T_1）：

上部：黄灰绿色砂岩夹页岩，东部细细至中粒凝灰质砂岩为主；下部：紫、灰绿色页岩夹细至粗粒长石砂岩及凝灰质砂岩。分布于渠首北侧小箐河右岸坡。

（4）二叠系（P），上下统均有分布，为工程区主要地层。

上统黑泥哨组（P_2h）：玄武岩、砂岩、页岩、灰岩夹煤或炭质页岩，分布于取水口上游北侧小箐河右岸坡。

上统玄武岩组上段（$P_2\beta^3$）：上部致密状玄武岩；中部灰绿、深灰色杏仁状玄武岩夹斜长斑状玄武岩及紫色凝灰质页岩；底部为斜长斑状玄武岩、角砾状玄武岩或火山角砾岩，大面积分布于工程区域中部、渠线中前段。

上统玄武岩组中段（$P_2\beta^2$）：深灰、灰绿色杏仁状玄武岩及致密状玄武岩夹凝灰岩，上部夹透镜状灰岩。底部：灰绿、灰色火山角砾岩，大面积分布于工程区域中部、渠线中后段。

上统玄武岩组下段（$P_2\beta^1$）：黄绿色杏仁状玄武岩，底部岩性为紫色、黄绿色凝灰质砂岩，分布于金江街段金沙江两岸坡。

下统（P_1）：上部为浅灰色块状灰岩夹生物灰岩，下部为灰色块状灰岩、西部夹鲕状灰岩及生物灰岩，条带状分布于金江大桥—涛源一带。

（5）石炭系（C），上、中、下统均有分布。

上统（C_3）：灰色块状灰岩夹生物灰岩及鲕状灰岩，分布于渠尾涛源北东岸坡。

下统（C_1）：岩性为灰色厚层状灰岩及鲕状灰岩，底部具硅质角砾状灰岩，分布于渠尾涛源北东岸坡。

（6）泥盆系（D），出露中、上统。

上统（D_3）：黑白色条带状薄层硅质岩夹粉砂岩、硅质灰岩及页岩，分布于渠尾涛源北东岸坡。

中统（D_2）：浅灰色灰岩及白云质灰岩，底部为石英砾岩，分布于渠尾金江大桥北东侧。

2.3.4.3 地质构造

隧洞工程地处松桂褶皱区，区内大面积玄武岩分布，地质构造不发育，未见明显断裂和褶皱构造形迹，地质构造较简单。

沿线玄武岩流面产状平缓，一般为 15°～20°，走向与主构造线方向一致，呈北北东向。

2.3.4.4　物理地质现象

工程区隶属金沙江侵蚀槽谷左岸，沿线以河流堆积地貌为主，受干热河谷岸坡植被覆盖率低、堆积物结构松散等因素控制，区内不良物理地质现象以坡面流冲刷作用形成的侵蚀性冲沟、小坍塌为主。侵蚀性冲沟呈羽状、树枝状分布于岸坡，切割深 3～50 m，多呈“V”字形，较大冲沟谷底多为泥石流堆积，沟口分布洪积扇（锥），冲沟两岸局部有坍塌堆积体分布，规模较小。

2.3.4.5　水文地质条件

（1）地下水类型。

工程区主要出露有岩浆岩及第四系松散堆积层，根据地下水水理性质、赋存条件和含水层的岩性特征，地下水可分为碳酸盐岩岩溶水、基岩裂隙水和松散岩类孔隙水三种类型。

孔隙水主要赋存于冲洪积（Q^{pal}）和Ⅰ～Ⅲ级河流堆积阶地等第四系地层中，由于该类地层结构较松散，透水性较好，故赋水性较差，含水量较贫乏。基岩裂隙水主要赋存于 $P_2\beta^1$、$P_2\beta^2$、$P_2\beta^3$ 等岩浆岩地层的构造裂隙和风化裂隙中，一般泉水流量较小，含水量和富水性中等，分布面积较广。碳酸盐岩岩溶水主要赋存于 D_2、C_1、C_2、C_3、P_1 地层中，其运动和分布受地形、地层、岩性、构造等控制，赋水性差异较大，总体上含水量较丰富。

（2）地下水动态。

孔隙水主要受地表水及大气降水补给，地下水位埋藏浅，以潜流形式运动，常以金沙江河床、冲洪积层的前缘部分构成地下水排泄带，地下水动态随季节变化，但变幅不大。基岩裂隙水主要赋存于碎屑岩、岩浆岩地层的构造裂隙和风化裂隙中，一般以分散的隙流、潜流为主，受大气降水补给，以泉点、渗水点的形式在地表及沟溪处排泄，地下水动态变化较稳定。碳酸盐岩岩溶水主要赋存于岩溶通道中，与地表连通性好，主要通过大气降水补给，沿垂直溶隙渗入，以洞-隙状急变流向当地最低排泄基准面排泄，地下水动态变化较大，与大气降水密切相关，水位随季节变化，且幅度大。

2.3.4.6 隧洞的主要工程地质问题

龙开口输水左干渠于电站大坝左岸灌溉取水口取水，取水高程 1 287.500 m，线路全长 67 335 m。干渠设计坡降 1/2 500 ~ 1/5 000；沿线共设倒虹吸 15 座，长 3 930.4 m，隧洞 15 条，长 15 679.8 m，渡槽 10 座，长 1 844 m，建筑物总长 21 454.2 m，占干渠总长的 31.86%，明渠 40 段，总长 45 880.8 m，占总长的 68.14%。隧洞所穿越底层地质结构复杂，为确保更准确掌握地质情况，为施工作指导，施工过程中在设计的基础上作了更详细的地质勘察和预测工作，各隧洞的工程地质条件和评价见表 2-1。

2.3.5 工程施工难点及处理要点

（1）隧洞施工穿越不良地质条件施工。处理要点：采用自进式超前注浆锚杆支护施工。施工严格遵循“短进尺、弱爆破、强支护、勤量测”的施工原则进行作业，初期支护紧跟工作面，尽可能减少围岩的暴露时间，确保安全顺利进行施工。

（2）隧洞施工中有冒顶、塌方的风险。处理要点：对于不良地质隧洞掌子面爆破后，应安排专业人员进行查看和处理，必要时请地质专业人员随同查看，有涌水、塌方或冒顶迹象时，在不能确保安全的情况下，人员需及时撤离，待确定处理方案后再按预定方案进行处理；对于开挖后的掌子面必须按设计或预定方案施工完后才可进行下一道工序施工。

（3）隧洞开挖面前方地质的不可预见性。处理要点：采用地质预报及超前钻孔方式进行预探，在钻孔过程中，应派专职地质工程师对钻进的时间、速度、压力、冲洗液的颜色、成分以及卡钻、跳钻等现象对岩性、构造性质及地下水、空洞等情况进行观察，从而掌握前方地质情况。根据已开挖地段围岩的工程地质和水文地质特征，对隧道开挖工作面前方一定长度范围内的围岩工程地质和水文地质条件作分析推断和评估。

表 2-1　隧洞工程地质条件及评价

名称	总桩号	长度/m	基本工程地质条件	工程地质评价
1#隧洞	20+102 ~ 20+482	380	隧洞地处侵蚀构造中山斜坡地貌区，进口段地形坡度为 20°~30°，出口段地形较陡，坡度为 50°~70°；穿越地层岩性为二叠系上统玄武岩组中段（$P_2\beta^2$）致密状玄武岩，强—弱风化；流面产状 N20°E，NW∠24°，柱状节理发育，无大的地质构造发育；出口段陡坎下部为崩坡积，水平厚度为 10~20 m，深度 10~15 m，物质组成为碎石土夹孤石，表层表层结构松散；地下水类型为基岩裂隙水，隧洞进出口底板位于地下水位以上，洞身中段地下水位高于隧洞底板 20~30 m	① 隧洞埋深 60~110 m，地下水位低于洞底板，岩层流面走向与洞轴向交角 22°。 ② 进、出口洞脸边坡为斜向岩质坡，地形坡度陡，流面倾角缓，岩体完整性差，洞脸边坡稳定性差；建议洞脸边坡 1∶0.5~1∶0.75，坡面局部不稳定块体应喷锚支护，进洞及时锁口。 ③ 出口段属Ⅴ类围岩，不稳定，开挖中支护紧跟或超前支护，永久衬砌； 洞身围岩以Ⅲ类为主，夹 33%的Ⅳ、Ⅴ类，围岩局部稳定性差，开挖后喷混凝土或喷锚支护，局部不稳定段支护紧跟或超前支护
2#隧洞	21+980 ~ 22+606	626	地处侵蚀构造中山斜坡地貌区，进口段地形坡度为 20°~30°，出口段地形较陡，坡度为 30°~45°；穿越地层岩性为二叠系上统玄武岩组中段（$P_2\beta^2$）致密状玄武岩，皆强风化，隧洞进、出口段地表为松散残坡积碎石土覆盖，厚度 2~3 m；进口段流面产状 N36°E，SE∠19°，出口段流面产状 N19°W，NE∠15°，柱状节理发育，无大的地质构造发育，地下水类型为基岩裂隙水，隧洞进、出口底板位于地下水位以上，洞身中段地下水位高于隧洞底板 30~40 m	① 隧洞埋深 10~120 m，洞身段地下水位高于洞顶板，岩层流面走向与洞轴向交角 12.5°。 ② 进、出口洞脸边坡为斜向岩质坡，地形坡度陡，流面倾角缓，岩体完整性差，洞脸边坡稳定性差~不稳定；建议洞脸边坡 1∶0.5~1∶0.75，坡面局部不稳定块体应喷锚支护，进洞及时锁口。 ③ 进、出口段属Ⅴ类围岩，不稳定，开挖中支护紧跟或超前支护，永久衬砌。 洞身段围岩以Ⅳ、Ⅴ类为主，夹 43%的Ⅲ类，Ⅲ类围岩局部稳定性差，开挖后喷混凝土或喷锚支护，Ⅳ、Ⅴ类围岩不稳定段支护紧跟或超前支护。洞顶位于地下水位以下，开挖中有滴水、渗水

续表

名称	总桩号	长度/m	基本工程地质条件	工程地质评价
3#隧洞	22+850~23+620.6	770.6	洞前段，地处侵蚀构造中山斜坡地貌区，地形坡度为 20°~30°；穿越地层岩性为：上部为碎石土或第三系泥质粉砂岩，下部为二叠系上统玄武岩组中段（$P_2\beta^2$）致密状玄武岩，强—弱风化，隧洞进口段地表为松散残坡积碎石土覆盖，厚度 2~3 m；流面产状 N5°E，SE∠17°，柱状节理发育，无大的地质构造发育；地下水类型为基岩裂隙水，隧洞进口底板位于地下水位以上，洞身中段地下水位高于隧洞底板 20~30 m。隧洞后段，地处河流三级阶地堆积台地地貌区，出口段地形坡度 40°~50°，下伏地层为第三系粉砂质泥岩和二叠系上统玄武岩组中段（$P_2\beta^2$）致密状玄武岩；据钻孔 CZK08 揭露，穿越地层为金沙江三级阶地底部或者三级阶地与基岩接触带，基岩 强风化深度 5~10 m，岩体完整性较差；该段三级阶地上部为密实砂土、粉细砂层等，下部为密实粉土、砂卵砾石，呈二元结构；地下水类型为孔隙水，前段地下水埋深高于隧洞底板 30~40 m，出口段隧洞底板位于地下水位波动带	① 隧洞埋深 10~75 m，洞身段地下水位高于洞顶板，岩层流面走向与洞轴向交角 10°。 ② 进口洞脸边坡为斜向岩质坡，出口洞脸边坡为土质边坡，地形坡度陡，流面倾角缓，岩体完整性差，洞脸边坡稳定性差；建议洞脸边坡 1∶0.5~1∶0.75，坡面局部不稳定块体应喷锚支护，进洞及时锁口。 ③ 进出口段属Ⅴ类围岩，极不稳定。开挖中支护紧跟或超前支护，永久衬砌。 洞身前段围岩以Ⅴ为主，夹约 20%的Ⅳ类，围岩极不稳定；开挖后喷混凝土或喷锚支护，局部不稳定段支护紧跟或超前支护。洞顶位于地下水位以下，开挖中有滴水、渗水
4#隧洞	23+669~23+909.6	240.6	地处河流三级阶地堆积台地地貌区，进口段地形坡度 25°~35°，出口段地形坡度 30°~40°，上伏地层以第三系内陆湖相沉积半成粉砂质泥岩及黏土夹砂为主，下伏地层为二叠系上统玄武岩组中段（$P_2\beta^2$）致密状玄武岩。 参照附近钻孔 CZK08 揭露及地表地质测绘综合分析，穿越地层为金沙江三级阶地底部，基岩强风化深度 5~10 m，岩体完整性较差；隧洞起拱起顶拱为中等密实黏土夹砂，底板至起拱为第三系内陆湖相沉积半成粉砂质泥岩，呈二元结构。 地下水类型为孔隙水，地下水埋深高于隧洞底板 5~10 m，进、出口段隧洞底板位于地下水位波动带	① 隧洞埋深 10~50 m，洞身段地下水位高于洞顶板。 ② 进、出口洞脸边坡为土质边坡，地形坡度陡，洞脸边坡稳定性差；建议洞脸边坡 1∶0.5~1∶0.75，应喷锚支护，进洞及时锁口支护。 ③进出口段属Ⅴ类围岩，极不稳定，开挖中支护紧跟或超前支护，永久衬砌。 洞身段围岩为Ⅴ类，围岩极不稳定，开挖后及时喷混凝土或喷锚支护并钢支撑。洞顶位于地下水位附近，开挖中有少量滴水、渗水

续表

名称	总桩号	长度/m	基本工程地质条件	工程地质评价
5#隧洞	23+990 ~ 24+499.9	509.9	隧洞地处阶地堆积台地地貌，进、出口岸坡地形坡度为 25°~35°，穿越地层岩性为Ⅱ级阶地堆积物，阶地堆积物呈二元结构，上部粉土厚 5~10 m，结构中密；下部砂卵砾石厚 20~30 m，密实。 进、出口岸坡无不良物理地质现象发育。 地下水类型为基岩裂隙水，埋深>30 m	① 隧洞埋深 10~60 m，洞身段地下水位高于洞顶板， ② 进、出口洞脸边坡为土质边坡，地形坡度陡，洞脸边坡稳定性差；建议洞脸边坡 1∶0.5~1∶0.75，应喷锚支护，进洞及时锁口支护。 ③ 进出口段属Ⅴ类围岩，极不稳定，开挖中支护紧跟或超前支护，永久衬砌。 洞身段围岩为Ⅴ类，围岩极不稳定，开挖中支护紧跟或超前支护，永久衬砌。洞顶位于地下水位附近，开挖中有少量滴水、渗水
6#隧洞	25+263 ~ 26+260.8	997.8	隧洞前、中段地处侵蚀构造中山斜坡地貌区，地形坡度为 15°~30°，穿越地层岩性为二叠系上统玄武岩组中段（$P_2\beta^2$）玄武岩，强—弱风化为主，进口洞脸边坡开挖局部稳定性较差，基岩强风化深度 15~20 m，受风化及节理裂隙影响，岩体完整性较差，隧洞进口段埋深较浅，进洞后随隧洞埋深逐渐变大，围岩稳定条件有所改善，但风化强烈，岩体破碎，围岩流面产状 N17°W，NE∠15°，柱状节理发育，无大的地质构造发育，对隧洞围岩稳定不利。地下水类型为基岩裂隙水，隧洞进口底板位于地下水位以上，洞身中段地下水位高于隧洞底板 40~50 m。隧洞后段，地处河流三级阶地堆积台地地貌区，出口段地形坡度 50°~60°，下伏地层为二叠系上统玄武岩组中段（$P_2\beta^2$）玄武岩；据地质测绘及附近钻孔综合分析，穿越地层为金沙江三级阶地底部或者三级阶地与基岩接触带，基岩强风化深度 5~10 m，岩体完整性较差；该段三级阶地上部为密实砂土、粉细砂层等，下部为密实粉土、砂卵砾石，呈二元结构；地下水类型为孔隙水，隧洞底板位于地下水位波动带	① 隧洞埋深 10~160 m，洞身前段地下水位高于洞顶板，岩层流面走向与洞轴向交角 48°。 ② 进、出口洞脸边坡为斜向岩质坡，地形坡度陡，流面倾角缓，岩体完整性差，洞脸边坡稳定性差；建议洞脸边坡 1∶0.5~1∶0.75，坡面局部不稳定块体应喷锚支护，进洞及时锁口。 ③ 进、出口段属Ⅴ类围岩，极不稳定，开挖中支护紧跟或超前支护，永久衬砌。 隧洞Ⅲ类围岩 56%，Ⅳ、Ⅴ类围岩 44%，Ⅲ类围岩局部稳定性差，开挖后喷混凝土或喷锚支护，Ⅳ、Ⅴ类围岩不稳定段支护紧跟或超前支护。洞顶位于地下水位附近，开挖中有少量滴水、渗水

续表

名称	总桩号	长度/m	基本工程地质条件	工程地质评价
7#隧洞	26+269.5 ~ 26+946	676.5	隧洞地处侵蚀构造中山斜坡地貌区，进、出口岸坡地形坡度为 25°~35°，前中段围岩具页状或薄层状层理，开挖需爆破，透水性差，为静水沉积密实粉土，后段穿越含碎石粉质黏土层，红褐色，韧性，干强度中等，其中混有玄武岩碎石，含量 20%~30%，粒径 20~140 mm，部分位置可见孤石，呈次棱角状，局部含量较高，透水性中等，堆积密实。地下水类型以孔隙水为主，埋深>30 m	① 隧洞埋深 10~50 m，洞身段地下水位高于洞顶板，岩层流面走向与洞轴向交角 6°。 ② 进口洞脸边坡为土质边坡，出口洞脸边坡为斜向岩质坡，地形坡度陡，流面倾角缓，岩体完整性差，洞脸边坡稳定性差；建议洞脸边坡 1∶0.5~1∶0.75，坡面局部不稳定块体应喷锚支护，进洞及时锁口。 ③ 进出口段属Ⅴ类围岩，极不稳定，开挖中支护紧跟或超前支护，永久衬砌。洞身段隧洞埋深小，围岩为 V 类，围岩不稳定，开挖后支护紧跟或超前支护，永久衬砌。洞顶位于地下水位附近，开挖中有少量滴水、渗水
8#隧洞	27+576 ~ 28+393.5	817.5	隧洞地处侵蚀构造中山斜坡地貌区，进、出口岸坡地形坡度为 25°~35°，呈缓坡、台地交替产出的复合型坡，穿越地层岩性为 $P_2\beta^2$ 致密状、杏仁状玄武岩夹凝灰岩，强—弱风化，流面产状：313°∠21°，无大的地质构造穿插。 进、出口岸坡无不良物理地质现象发育。 地下水类型为基岩裂隙水，埋深 25~50 m，位于洞顶板以上	① 隧洞埋深 10~85 m，洞身段地下水位高于洞顶板，岩层流面产状走向与洞轴向交角 3°。 ② 进、出口洞脸边坡为斜向岩质坡，地形坡度陡，流面倾角缓，岩体完整性差，洞脸边坡稳定性差；建议洞脸边坡 1∶0.5~1∶0.75，坡面局部不稳定块体应喷锚支护，进洞及时锁口。 ③ 进、出口段属Ⅳ类围岩，不稳定，开挖中支护紧跟或超前支护，永久衬砌；洞身段隧洞埋深小，围岩岩体风化强、完整性差，围岩以Ⅲ类为主，夹 26%的Ⅳ、Ⅴ类，围岩局部稳定性差，开挖后支护紧跟或超前支护，永久衬砌。洞顶位于地下水位附近，开挖中有少量滴水、渗水现象

续表

名称	总桩号	长度/m	基本工程地质条件	工程地质评价
9#隧洞	35+580 ~ 37+576	1996	隧洞进口及洞身段大部处侵蚀构造中山稳定地貌区（约 1 540 m），穿越地层岩性为 $P_2\beta^2$ 杏仁状及辉斑玄武岩夹凝灰岩及第四系Ⅲ级阶地堆积物，基岩强—弱风化，流面产状：252°∠19°，无大的地质构造隧洞埋深 20～145 m，出口段地处阶地堆积台地地貌（约 444.5 m），围岩具页状或薄层状层理，开挖需爆破，为静水沉积及其积密实粉土，具半成岩外观，锤击出现浅痕。进、出口岸坡地形坡度为 30～45°，呈缓坡、台地交替产出的复合型坡，沿线冲沟发育，进、出口岸坡无不良物理地质现象发育。 地下水类型以基岩裂隙水为主，埋深 25～50 m，位于洞顶板以上	① 隧洞埋深 20～145 m，洞身段地下水位高于洞顶板。 ② 进口洞脸为崩坡积土质边坡，出口洞脸为卵砾石土质边坡，稳定性差—不稳定；建议洞脸边坡 1∶0.75～1∶1，坡面及时封闭并做好坡顶、坡面排水，进洞及时锁口。 ③ 进、出口段属Ⅴ类围岩，极不稳定，开挖中支护紧跟或超前支护，永久衬砌；洞身段围岩以Ⅳ、Ⅴ类为主，夹 45%的Ⅲ类，Ⅲ类围岩局部稳定性差，开挖后喷混凝土或喷锚支护，Ⅳ、Ⅴ类围岩不稳定段支护紧跟或超前支护。洞顶位于地下水位附近，开挖中有少量滴水、渗水
10#隧洞	37+775.8 ~ 38+563.5	787.7	隧洞地处阶地堆积台地地貌，进、出口岸坡地形坡度为 25°～35°，穿越地层岩性为Ⅱ级阶地堆积物，阶地堆积物呈二元结构，上部粉土厚 5～10 m，结构中密；下部砂卵砾石厚 20～30 m，密实。 进、出口岸坡无不良物理地质现象发育。 地下水类型为孔裂隙水，埋深>20 m	① 隧洞埋深 30～50 m，洞身段地下水位低于洞底板。 ② 进、出口洞脸边坡为土质边坡，地形坡度陡，洞脸边坡稳定性差；建议洞脸边坡 1∶0.5～1∶0.75，应喷锚支护，进洞及时锁口支护。 ③ 进出口段属Ⅴ类围岩，极不稳定，开挖中支护紧跟或超前支护，永久衬砌。洞身段围岩为Ⅴ类，围岩极不稳定，开挖后及时喷混凝土或喷锚支护并钢支撑。洞底板高于地下水位，开挖中基本不受地下水影响

续表

名称	总桩号	长度/m	基本工程地质条件	工程地质评价
11#隧洞	44+891~46+2373.1	594.3	进、出口岸坡地形坡度为 40°~65°，局部呈陡崖产出，沿线侵蚀、剥蚀冲沟发育，隧洞前段 550 m，围岩成分为冲洪积块石夹漂石，含少量泥土，碎石含量约 70%，堆积密实，开挖需爆破，隧洞后段穿越地层岩性为 $P_2\beta^2$ 杏仁状及辉斑玄武岩夹凝灰岩，强—弱风化，流面产状：263°∠18°，无大的地质构造，隧洞埋深 30~85 m。 进、出口岸坡无不良物理地质现象发育。 地下水类型为基岩裂隙水，埋深 35~200 m，位于洞顶板以上	①隧洞埋深 30~85 m，洞身段地下水位高于洞顶板，岩层流面走向与洞轴向交角 36°。 ②进口洞脸为卵砾石土质边坡，出口洞脸为崩坡积土质边坡，稳定性差~不稳定；建议洞脸边坡 1∶0.75~1∶1，坡面及时封闭并做好坡顶、坡面排水，进洞及时锁口。 ③进、出口段属Ⅴ类围岩，极不稳定，开挖中支护紧跟或超前支护，永久衬砌；洞身段中段隧洞埋深小，围岩岩体风化强、完整性差。 围岩为Ⅴ类围岩，围岩极不稳定开挖后支护紧跟或超前支护，永久衬砌。洞顶位于地下水位附近，开挖中有多处滴水、涌水现象
12#隧洞	46+276~50+434.9	4158.9	隧洞前段约 3 860 m 地处侵蚀构造中山斜坡地貌区；穿越地层岩性为二叠系上统玄武岩组中段（$P_2\beta^2$）致密状玄武岩、角砾状玄武岩夹灰岩扁豆体，多呈弱风化；流面产状 N22°E，NW∠21°，柱状节理发育，无大的地质构造穿插，局部节理裂隙带发育，对围岩稳定不利；地下水类型为基岩裂隙水，地下水位高于隧洞底板 50~70 m。出口段约 295 m，出口段地形坡度 40°~45°，金沙江三级阶地底部或者三级阶地与基岩接触带，上层为砂卵砾石，下层为碎石土，掌子面穿越阶地与基岩接触带，底板有强透水；围岩均属Ⅴ类围岩；阶地物质与基岩接触带变形模量差异较大，由于地下水影响拱顶及边墙部分容易塌落，施工时应采取适宜的一期及时强支护措施，如超前注浆，并及时支护	①隧洞埋深 35~260 m，洞身段地下水位高于洞顶板，岩层流面走向与洞轴向交角 34°。 ②进口洞脸边坡为斜向岩质坡，地形坡度陡，流面倾角缓，岩体完整性差，洞脸边坡稳定性差；出口洞脸为卵砾石土质边坡，洞脸边坡稳定性。建议洞脸坡比 1∶0.5~1∶0.75，坡面局部不稳定块体应喷锚支护，进洞及时锁口。 ③进、出口段属Ⅴ类围岩，极不稳定，开挖中支护紧跟或超前支护，永久衬砌；洞身段中段隧洞埋深小，围岩岩体风化强、完整性差，围岩以以Ⅲ类为主，夹 24%的Ⅳ、Ⅴ类，围岩不稳定~局部稳定性差，开挖后支护紧跟或超前支护，永久衬砌。洞顶位于地下水位附近，开挖中有少量滴水、大涌水现象

续表

名称	总桩号	长度/m	基本工程地质条件	工程地质评价
13#隧洞	56+681.1 ~ 57+385.1	704	隧洞前段，地处侵蚀构造中山斜坡地貌区，进口地形坡度为 30°~50°；穿越地层岩性为二叠系上统玄武岩组中段（$P_2\beta^2$）致密状玄武岩，强—弱风化；流面产状 N36°E，NW∠16°，柱状节理发育，无大的地质构造穿插；进口冲沟上部出露泉点 W8，流量 1~1.5 L/s（2012 年 9 月 20 日观测）;地下水类型为基岩裂隙水，隧洞进口底板位于地下水位波动带，洞身段地下水位高于隧洞底板 10~20 m。 隧洞后段约 310 m，地处河流三级阶地堆积台地地貌区，出口段地形坡度 40°~50°，下伏地层为二叠系上统玄武岩组中段（$P_2\beta^2$）致密状玄武岩；据钻揭露及地表地质测绘资料分析，穿越地层为金沙江三级阶地中下部或者三级阶地与基岩接触带，基岩强风化深度接触带以下 5~10 m，岩体完整性较差；该段三级阶地上部为密实砂土、粉细砂、粉土、黏土等，下部为密实粉土、砂卵砾石，呈二元结构；地下水类型为孔隙水，前段地下水埋深高于隧洞底板 20~30 m，出口段隧洞底板位于地下水位之上	① 隧洞埋深 35~65 m，洞身段地下水位低于洞底板。 ② 进口洞脸为岩质边坡，出口洞脸为卵砾石土质边坡，稳定性差—不稳定；建议洞脸边坡 1∶0.75~1∶1，坡面及时封闭并做好坡顶、坡面排水，进洞及时锁口。 ③ 进、出口段属Ⅳ、Ⅴ类围岩，不稳定~极不稳定，开挖中支护紧跟或超前支护，永久衬砌；洞身段中段隧洞埋深小，围岩岩体风化强、完整性差， 围岩以以Ⅳ、Ⅴ类为主，夹 43%的Ⅲ类，Ⅲ类围岩局部稳定性差，开挖后喷混凝土或喷锚支护，Ⅳ、Ⅴ类围岩不稳定段支护紧跟或超前支护。洞顶位于地下水位附近，地处河流三级阶地堆积台地地貌区，进口段地形坡度 25°~35°，出口段地形坡度 30°~40°，下伏地层为二叠系上统玄武岩组中段（$P_2\beta^2$）致密状玄武岩；但隧洞底板未经过此岩层。 据开挖隧洞出露所揭示，隧洞底板穿越地层为金沙江三级阶地底部或者三级阶地与基岩接触带，基岩强风化深度接触带以下 5~10 m，岩体完整性较差；该段三级阶地上部为密实砂土、粉细砂、粉土、黏土等，下部为砂卵砾石、第三系全风化泥质粉砂岩与粉砂质泥岩； 地下水类型为孔隙水，地下水埋深高于隧洞底板 20~30 m，进、出口段隧洞底板位于地下水位波动带

续表

名称	总桩号	长度/m	基本工程地质条件	工程地质评价
14#隧洞	57+407.7 ~ 57+748.7	341	隧洞穿越地层为金沙江三级阶地底部、三级阶地与基岩接触带，基岩强风化深度接触带以下 5～10 m，岩体破碎；该段三级阶地上部为密实砂土、、粉土等，下部为含碎石、块石密实粉质黏土、砂卵砾石，呈二元结构。 地下水类型为孔隙水，地下水埋深高于隧洞底板 10～20 m，进、出口段隧洞底板位于地下水位波动带	① 隧洞埋深 10～45 m，洞身段地下水位低于洞底板，岩层流面走向与洞轴向交角 71°。 ② 进、出口洞脸为卵砾石土质边坡，稳定性差—不稳定，建议洞脸坡比 1∶0.75～1∶1，坡面及时封闭并做好坡顶、坡面排水，进洞及时锁口。 ③ 进、出口段砂卵砾石呈散体结构，围岩难以成洞，属V类围岩，开挖中支护紧跟或超前支护，永久衬砌；洞身段围岩为V类，极不稳定，开挖后支护紧跟或超前支护，永久衬砌。地处河流三级阶地堆积台地地貌区，进口段地形坡度 25°～35°，出口段地形坡度 30°～40°，下伏地层为二叠系上统玄武岩组中段（$P_2\beta^2$）致密状玄武岩；但隧洞底板未经过此岩层。 据开挖隧洞出露所揭示，隧洞底板穿越地层为金沙江三级阶地底部或者三级阶地与基岩接触带，基岩强风化深度接触带以下 5～10 m，岩体完整性较差；该段三级阶地上部为密实砂土、粉细砂、粉土、黏土等，下部为砂卵砾石、第三系全风化泥质粉砂岩与粉砂质泥岩。 地下水类型为孔隙水，地下水埋深高于隧洞底板 20～30 m，进、出口段隧洞底板位于地下水位波动带

续表

名称	总桩号	长度/m	基本工程地质条件	工程地质评价
15#隧洞	57+781.9 ~ 59+107.1	1327.2	地处河流三级阶地堆积台地地貌区，进口段地形坡度 25°～35°，出口段地形坡度 30°～40°，下伏地层为二叠系上统玄武岩组中段（$P_2\beta^2$）致密状玄武岩；但隧洞底板未经过此岩层。 开挖隧洞出露所揭示，隧洞底板穿越地层为金沙江三级阶地底部或者三级阶地与基岩接触带，基岩强风化深度接触带以下 5～10 m，岩体完整性较差；该段三级阶地上部为密实砂土、粉细砂、粉土、黏土等，下部为砂卵砾石、第三系全风化泥质粉砂岩与粉砂质泥岩。 地下水类型为孔隙水，地下水埋深高于隧洞底板 20～30 m，进、出口段隧洞底板位于地下水位波动带	① 隧洞埋深 20～85 m，地下水位低于洞底板。 ② 进、出口洞脸为卵砾石土质边坡，稳定性差—不稳定；建议洞脸边坡 1∶0.75～1∶1，坡面及时封闭并做好坡顶、坡面排水，进洞及时锁口。 ③ 隧洞埋深小，围岩为砂卵砾石，结构中等密实—散体结构，成洞条件差、围岩自稳能力差，全洞为Ⅴ类极不稳定围岩，开挖后支护紧跟或超前支护，永久衬砌。开挖过程中出现滴水、涌水，大涌水、塌方

2.4 隧洞开挖支护方案选择

2.4.1 设计依据

2.4.1.1 项目建议书意见

云南省水利水电技术咨询管理中心于2012年9月11日以“云水技审〔2012〕192号”文件、云南省人民政府投资项目评审中心于2012年9月26日以“云投审发〔2012〕428号”文件关于《龙开口电站水资源综合利用一期工程项目建议书的评审意见》。

2.4.1.2 相关的规程规范

（1）《灌溉与排水工程设计规范》（GB 50288—99）。

（2）《工程建设标准强制性条文　水利工程部分》（2010版）。

（3）《中华人民共和国防洪标准》（GB 50201—94）。

（4）《水利水电工程等级划分及洪水标准》（SL252—2000）。

（5）《水利工程水力计算规范》（SL104—95）。

（6）《水工建筑物抗震设计规范》（SL203—97）。

（7）《水工混凝土结构设计规范》（SL/191—2008）。

（8）《水工建筑物水泥灌浆施工技术规范》（DL/T5148—2001）。

（9）《溢洪道设计规范》（SL/253—2000）。

（10）《水工隧洞设计规范》（SL279—2002）。

（11）《水电站压力钢管设计规范》（SL281—2003）。

（12）《水电站输水渠道及前池设计规范》（DL/T5079—2007）。

（13）《水利水电工程边坡设计规范》（SL386—2007）。

（14）《水工挡土墙设计规范》（SL379—2007）。

（15）《水利水电工程设计工程量计算规定》（SL328—2005）。

（16）《混凝土结构耐久性设计规范》（GB/T50476—2008）。

（17）《水利水电工程制图标准》（SL73—95）。

（18）国家现行有关行业规程、规范的设计有效版本。

2.4.1.3　地质参数

1. 地震动参数

根据 1∶400 万《中国地震动参数区划图》(GB 18306—2001)，建筑物区地震动峰值加速度为 0.2*g*、地震动反应谱特征周期为 0.4 s，相应地震基本烈度为Ⅷ度。本工程按Ⅷ度设防。

2. 建议参数

岩土建议参数根据现行规程规范及周边已建和在建工程类比确定。

2.4.2　支护设计与施工方法

2.4.2.1　隧洞形式

本工程各条隧洞流量不同，设计断面不一样，考虑到隧洞穿越线路地质复杂，施工临时支护工程量大，采用城门洞形断面，对于临时支护的安装较方便，对于马蹄形断面由于洞型结构复杂，不利于隧洞的开挖、浇筑及临时支护措施的施工。

2.4.2.2　结构布置

本工程输水线路共布置有输水隧洞 15 条，均为无压隧洞，隧洞全长 15 679.8 m，占线路总长度的 23.28%，隧洞底坡选择与渠道相同，1#隧洞、2#隧洞、3#隧洞、4#隧洞、5#隧洞、6#隧洞、7#隧洞、8#隧洞采用 1/2 500，9#隧洞、10#隧洞、11#隧洞、12#隧洞采用 1/3 000，13#隧洞、14#隧洞采用 1/4 000，15#隧洞采用 1/5 000，在相同流量情况下，隧洞与渠道按等底宽设计。由于沿线分水后，各洞段设计流量不同、衬砌后净断面不同，隧洞均采用 C25 钢筋混凝土衬砌，根据围岩类别不同，分别采用不同的衬砌厚度。以下按分段流量叙述。

（1）设计流量 3.8 m^3/s，加大流量 4.56 m^3/s。

本级流量从里程 17+350.000 ~ 21+850.000 m，包含的隧洞为 1#隧洞，长 380 m，衬砌后净断面宽为 2.0 m，高 2.627 m。进出口段属Ⅴ类围岩，不稳定，洞身围岩以Ⅲ类为主，夹 33%的Ⅳ、类，围岩局部稳定性差。根据地质条件，共分 2 种衬砌形式，分别为：

① A 型衬砌：开挖断面为城门洞型，宽 2.6 m，高 3.227 m，衬砌厚度 0.3 m，适用于Ⅲ类围岩。

② B 型衬砌：开挖断面为城门洞型，宽 2.7 m，高 3.327 m，衬砌厚度 0.35 m，适用于Ⅳ、Ⅴ类围岩。

（2）设计流量 3.6 m^3/s，加大流量为 4.32 m^3/s。

本级流量从里程 21+850.000 ~ 23+635.000 m，包含的隧洞有 2#隧洞、3#隧洞，长度分别为 626 m、770.6 m，衬砌后净断面宽为 2.0 m，高 2.577 m。2#隧洞进、出口段属Ⅴ类围岩，洞身段围岩以Ⅳ、Ⅴ类为主，夹 43%的Ⅲ类，Ⅲ类围岩局部稳定性差；3#隧洞进口段属Ⅳ类围岩，不稳定，出口段属Ⅴ类围岩，极不稳定。洞身前段围岩以Ⅳ为主，夹 10% ~ 30%的Ⅴ类类，围岩不稳定，洞身后段围岩为Ⅴ类，围岩极不稳定。根据地质条件，共有 2 种衬砌形式，分别为：

① A 型衬砌：开挖断面为城门洞型，宽 2.6 m，高 3.177 m，衬砌厚度 0.30 m，适用于Ⅳ、Ⅴ类围岩。

② B 型衬砌：开挖断面为城门洞型，宽 2.7 m，高 3.277 m，衬砌厚度 0.35 m，适用于Ⅳ、Ⅴ类围岩。

（3）设计流量 3.5 m^3/s，加大流量为 4.2 m^3/s。

本级流量从里程 23+650.000 ~ 24+900.000 m，包含的隧洞有 4#隧洞、5#隧洞，长度分别为 240.6 m、509.9 m，衬砌后净断面宽为 2.0 m，高 2.527 m。4#隧洞进出口段属Ⅴ类围岩，极不稳定。洞身段围岩为Ⅴ类，围岩极不稳定。5#隧洞进出口段属Ⅴ类围岩，极不稳定。洞身段围岩为Ⅴ类，围岩极不稳定。根据地质条件，共有 1 种衬砌形式：开挖断面为城门洞型，宽 2.7 m，高 3.227 m，衬砌厚度 0.35 m，适用于Ⅴ类围岩。

（4）设计流量 3.4 m^3/s，加大流量为 4.08 m^3/s。

本级流量从里程 24+900.000 ~ 27+350.000 m，包含的隧洞为 6#隧洞和 7#隧洞，长度分别为 997.8 m、676.5 m，衬砌后净断面宽为 2.0 m，高 2.527 m。6#隧洞进、出口段属Ⅴ类围岩，极不稳定，隧身Ⅲ类围岩 56%，Ⅳ、Ⅴ类围岩 44%，围岩局部稳定性差；7#隧洞属Ⅴ类围岩，极不稳定。根据地质条件，共分 2 种衬砌形式，分别为：

①A型衬砌：开挖断面为城门洞型，宽2.6 m，高3.127 m，衬砌厚度0.3 m，适用于Ⅲ类围岩。

②B型衬砌：开挖断面为城门洞型，宽2.7 m，高3.227 m，衬砌厚度0.35 m，适用于Ⅳ、Ⅴ类围岩。

（5）设计流量3.2 m^3/s，加大流量为3.84 m^3/s。

本级流量从里程 27+350.000～29+350.000 m，包含的隧洞为 8#隧洞，长817.5 m，衬砌后净断面宽为1.9 m，高2.448 m。隧洞进、出口段属Ⅳ类围岩，不稳定；洞身段隧洞埋深小，围岩岩体风化强、完整性差，围岩以Ⅲ类为主，夹 26%的Ⅳ、Ⅴ类，围岩局部稳定性差。根据地质条件，共分2种衬砌形式，分别为：

①A型衬砌：开挖断面为城门洞型，宽2.5 m，高3.048 m，衬砌厚度0.3 m，适用于Ⅲ类围岩；

②B型衬砌：开挖断面为城门洞型，宽2.6 m，高3.148 m，衬砌厚度0.35 m，适用于Ⅳ、Ⅴ类围岩。

（6）设计流量2.6 m^3/s，加大流量为3.12 m^3/s。

本级流量从里程35+300.000～38+650.000 m,包含的隧洞为9#隧洞、10#隧洞，长度分别为 1 996 m、787.7 m，衬砌后净断面宽为 1.8 m，高2.37 m。9#进、出口段属Ⅴ类围岩，极不稳定，开挖中支护紧跟或超前支护，永久衬砌；洞身段围岩以Ⅳ、Ⅴ类为主，夹 45%的Ⅲ类，围岩稳定性差；10#隧洞进出口段属Ⅴ类围岩，极不稳定。洞身段围岩为Ⅴ类，围岩极不稳定。根据地质条件，共分2种衬砌形式，分别为：

①A型衬砌：开挖断面为城门洞型，宽2.4 m，高2.97 m，衬砌厚度0.3 m，适用于Ⅲ类围岩；

②B型衬砌：开挖断面为城门洞型，宽2.5 m，高3.07 m，衬砌厚度0.35 m，适用于Ⅳ、Ⅴ类围岩。

（7）设计流量2.0 m^3/s，加大流量为2.4 m^3/s。

本级流量从里程 43+150.000～46+250.000 m，包含的隧洞有 11#隧洞，长度为 1 346.1 m，衬砌后净断面宽为 1.55 m，高 2.247 m。隧洞属Ⅴ类围岩，极不稳定；根据地质条件及断面尺寸，共有 1 种衬砌形式：

开挖断面为城门洞型，宽 2.15m，高 2.847m，衬砌厚度 0.3m。

（8）设计流量 1.9 m^3/s，加大流量为 2.28 m^3/s。

本级流量从里程 46+250.000 ~ 48+835.800 m，包含的隧洞为 12#隧洞，长 4 158.9 m，衬砌后净断面宽为 1.5 m，高 2.233 m。隧洞进、出口段属Ⅳ、Ⅴ类围岩，不稳定—极不稳定；洞身段中段隧洞埋深小，围岩岩体风化强、完整性差，围岩以Ⅲ类为主，夹 20% ~ 30%的Ⅳ、Ⅴ类，围岩不稳定—局部稳定性差。根据地质条件及断面尺寸，共有 1 种衬砌形式：开挖断面为城门洞型，宽 2.0 m，高 2.733 m，衬砌厚度 0.25 m。

（9）设计流量 1.6 m^3/s，加大流量为 1.92 m^3/s。

本级流量从里程 50+700.000 ~ 57+390.000 m，包含的隧洞为 13#隧洞，长度为 704 m，衬砌后净断面宽为 1.5 m，高 2.233 m。13#隧洞进、出口段属Ⅳ、Ⅴ类围岩，不稳定—极不稳定；洞身段中段隧洞埋深小，围岩岩体风化强、完整性差，围岩以Ⅳ、Ⅴ类为主，夹 43%的Ⅲ类，不稳定—极不稳定。根据地质条件及断面尺寸，共有 1 种衬砌形式：开挖断面为城门洞型，宽 2.0 m，高 2.733 m，衬砌厚度 0.25 m。

（10）设计流量 1.5 m^3/s，加大流量为 1.8 m^3/s。

本级流量从里程 57+390.000 ~ 57+775.000 m，包含的隧洞为 14#隧洞，长度为 341 m，衬砌后净断面宽为 1.5 m，高 2.233 m。14#隧洞进、出口段砂卵砾石呈散体结构，围岩难以成洞，属Ⅴ类围岩；洞身段顶板以上基岩厚度小，围岩岩体风化强、完整性差，围岩为Ⅴ类，极不稳定。根据地质条件及断面尺寸，共有 1 种衬砌形式：开挖断面为城门洞型，宽 2.0 m，高 2.733 m，衬砌厚度 0.25 m。

（11）设计流量 1.4 m^3/s，加大流量为 1.68 m^3/s。

本级流量从里程 57+775.000 ~ 59+250.000 m，包含的隧洞为 15#隧洞，长度为 1 327.1 m，衬砌后净断面宽为 1.5 m，高 2.233 m。隧洞埋深小，围岩为砂卵砾石，结构中等密实—散体结构，成洞条件差、围岩自稳能力差，全洞为Ⅴ类极不稳定围岩，根据地质条件及断面尺寸，共有 1 种衬砌形式：开挖断面为城门洞型，宽 2.0 m，高 2.733 m，衬砌厚度 0.25 m。各隧洞的特性见表 2-2。

2.4.2.3　隧洞施工

本段输水线路共有 15 座隧洞，分别为 1#隧洞 ~ 15#隧洞。输水隧洞净断面尺寸为 2 m×2.627 m ~ 1.5 m×2.233 m（宽×高），城门洞型，开挖断面尺寸为 3.02 m×3.485 m ~ 2.32 m×2.893 m（宽×高）。

输水隧洞进出口明挖：土石方明挖自上而下进行，土方开挖采用挖掘机直接开挖；石方采用手风钻钻孔爆破开挖；出渣采用 1 m³ 挖掘机配 10 t 自卸汽车运至就近弃渣场。

输水隧洞石方洞挖：采用全断面爆破开挖，风钻钻孔，周边光面爆破，扒渣机装斗车运至洞口临时堆渣场，转 10 t 自卸汽车运至就近弃渣场。

输水隧洞初期支护：I16 型钢支撑在隧洞口加工厂统一加工，人工安装；锚杆采用 YT28 型手风钻钻孔，SP-80 型注浆器注浆，人工安设锚杆；喷混凝土采用 HSP-5 湿喷机。

输水隧洞混凝土浇筑：由洞外 HZS50 拌合站拌制供应混凝土，按先底板后边顶拱的顺序进行，浇筑段长 12 ~ 18 m，浇筑采用混凝土输送泵泵送入仓，边顶拱采用定型钢模跳仓浇筑。

输水隧洞砂浆锚杆：锚杆采用 YT28 型手风钻钻孔，SP-80 型风动注浆器注浆，人工安设锚杆。

回填灌浆：回填灌浆应在衬砌混凝土达到 70%设计强度后进行。灌浆孔采用预埋灌浆管，灌浆前用 YT28 风钻扫孔，200L 立式双层浆液搅拌机制备浆液，BW-250 型灌浆泵灌浆。

输水隧洞施工排水：反坡洞段一般在工作面设置临时集水坑，每隔 200 m 设置集水井，采用潜水泵分段进行抽排。正坡洞段可在隧洞一侧设置排水沟，采取自流排水。

隧洞施工通风采用压入式通风，选用轴流式通风机通风。

输水隧洞初期支护：边开挖边支护。根据隧洞施工方法和各隧洞工程围岩地质分类，初拟初期支护参数见表 2-3。

表 2-2　隧洞总特性表

建筑物名称	分段桩号	建筑物长度/m	进口底板高程/m	设计水深/m	净断面尺寸（宽×高）/（m×m）	设计流量/（m^3/s）	加大流量/（m^3/s）	渠底纵坡 i	局损/m
1#隧洞	20+102.000	380	1 274.375	1.788	2.0×2.627	3.8	4.56	1/2 5 00	0.1
2#隧洞	21+980.000	626	1 273.523	1.712	2.0×2.577	3.6	4.32	1/2 5 00	0.1
3#隧洞	22+850.000	770.6	1 273.075						0.1
4#隧洞	23+669.000	240.6	1 272.647	1.674	2.0×2.527	3.5	4.2	1/2 5 00	0.1
5#隧洞	23+990.000	509.9	1 272.41 9						0.1
6#隧洞	25+263.000	997.8	1 271 .665	1.636		3.4	4.08	1/2 5 00	0.1
7#隧洞	26+269.500	676.5	1 271 .1 63						0.1
8#隧洞	27+576.000	817.5	1 269.530	1.651	1.9×2.448	3.2	3.84	1/2 5 00	0.1
9#隧洞	35+580.000	1996	1 265.1 60	1.599	1.8×2.37	2.6	3.12	1/3 000	0.15
10#隧洞	37+775.800	787.7	1 264.278						0.1
11#隧洞	44+891.000	1 346.1	1 258.265	1.538	1.55×2.247	2.0	2.4	1/3 000	0.15
12#隧洞	46+276.000	4 158.9	1 257.653	1.535	1.5×2.233	1.9	2.28	1/3 000	0.15
13#隧洞	56+681.100	704	1 250.146	1.498	1.5×2.233	1.6	1.92	1/4 000	0.1
14#隧洞	57+407.700	341	1 249.864	1.422	1.5×2.233	1.5	1.8	1/4 000	0.1
15#隧洞	57+781.900	1 327.2	1 249.670	1.472	1.5×2.233	1.4	1.68	1/5 000	0.15
合计		15 679.8							

表 2-3　设计隧洞初期支护参数表

围岩类别	支护形式	备注
Ⅲ类围岩	喷混凝土 C20 厚 5 cm；随机锚杆 ϕ20，L=2.0 m；顶拱随机排水孔 L=2 m，ϕ50	边顶拱
Ⅳ类围岩	挂网喷 10 cm 混凝土，网格 ϕ6.5@200 mm×200 mm；系统锚杆 1.5 m×1.5 m，ϕ20，L=2.0 m；排水孔 L=2 m，ϕ50@300 mm×300 cm（顶拱）	边顶拱
Ⅴ类围岩	挂网喷 10 cm 混凝土、网格 ϕ6.5@200 mm×200 mm；边墙系统锚杆 1.0 m×1.0 m，ϕ20，L=2.0 m；钢支撑Ⅰ16 型@100 cm；纵向 ϕ25 钢筋@100 cm；排水孔 L=2 m，ϕ50@ 300 cm×300 cm（顶拱）；超前锚杆 L=4.5 m，ϕ25@30 cm；超前小导管 L=4.5 m，ϕ42@ 30 cm（断层、破碎带）	顶拱为超前锚杆、小导管为顶拱
进出口 10 m	采用永久钢筋混凝土衬砌进行锁口	

2.4.3　设计的改进及优化

在隧洞的开挖、支护施工中，为了加快工程进度，提高施工安全和质量的保障，减小隧洞开挖范围，缩短施工工期，对不良地质条件下的隧洞采用控制性开挖、加强支护的处理方式，已成为隧洞工程施工的主导思路。但采用何种支护方式较为经济合理，必须结合工程的地质情况确定支护方案，达到既经济合理又能满足工程需要的效果。

龙开口电站水资源综合利用一期工程输水隧洞 15 条，隧洞全长 15 679.8 m，占线路总长度的 23.28%，隧洞穿越线路地质条件复杂，特别是在挤压破碎带和穿越砂卵砾石层地质条件下，普通超前锚杆和超前导管因成孔困难，注浆效果差，支护效果并不理想。为加快施工进度，确保施工质量和安全，经方案比较选用自进式超前注浆锚杆进行超前支护，如图 2-4 所示。从目前国内已有的文献资料得知，自进式超前注浆锚杆施工资料匮乏，从施工机具、施工工艺、质量控制等多方面需进行现场试验方能确定。

以 15#隧洞在不良地质条件下为试验段进行支护方案的分析，方案一是用普通超前锚杆，方案二是用超前导管，方案三是用自进式超前注浆锚杆。

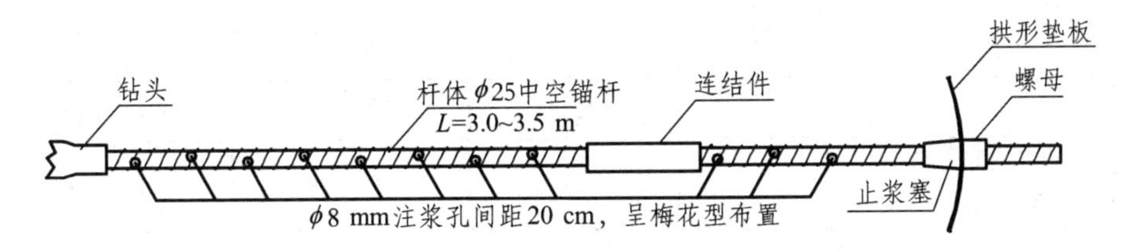

图 2-4　自进式超前注浆锚杆示意图

自进式超前注浆锚杆，是一种集钻进、注浆、锚固于一体的新型锚杆，包括锚杆主体，锚杆主体包括至少两段杆体，杆体为内部中空的杆体，杆体的外表面均设有外螺纹，杆体的侧壁上均匀的设有注浆孔，注浆孔在杆体的侧壁上呈交错布置，注浆孔的直径沿杆体的侧壁向杆体的中心逐渐变小；连接套将至少两段杆体连接为一体。本实用新型将钻孔、注浆和锚固有机地结合起来，锚杆通过钻头打入岩体，利用杆体内部空腔将配制好的水泥浆液，采用注浆泵注浆，浆液从锚杆壁注浆孔压入锚杆周边岩体内，将锚杆锚固在岩体内，同时对周边松散岩体进行固结，完成超前支护及松散岩体的固结灌浆。

自进式超前注浆锚杆，由杆体、钻头、连接套、止浆环、钢垫板等组成，杆体采用中空的螺纹钢管制成。杆体采用强度高于 HRB400 型螺纹中空钢管，强度高，具有较强的抗力特性，杆体的内部中空腔体的直径不小于 15 mm，在杆体壁打注浆孔的直径为 6~10 mm，注浆孔之间的间距为 20 cm；连接套的内表面设有与所述外螺纹配合的内螺纹，连接套采用强度较高的钢材制成；钻头采用前度较高的合金钻头。

在同等工况下，于一般破碎区和严重破碎区，采用与设计长度和型号相同的，4.5 m 长的 ϕ25 普通超前锚杆、ϕ42 超前导管和 ϕ25 自进式超前注浆锚杆进行技术指标和经济指标试验，试验结果比较分析见表 2-4。

表2-4　锚杆抗拔强度对比表（单位：kN）

锚杆类型	直径/mm	长度/m	一般破碎区	严重破碎区
普通超前锚杆	25	4.5	60 ~ 90	55 ~ 70
超前导管	42	4.5	140 ~ 150	130 ~ 145
自进式超前注浆锚杆	25	4.5	160 ~ 180	150 ~ 170

1. 抗拔强度

从表2-4可见，在一般破碎区：4.5 m长普通超前锚杆拉拔极限值在60 ~ 90 kN，超前导管杆抗拔极限值均在140 ~ 150 k，而自进式超前注浆锚杆抗拉拔极限值均在160 ~ 180 kN，自进式超前注浆锚杆抗拔力增加也更为明显。严重破碎区：4.5 m长普通超前锚杆拉拔极限值在55 ~ 70 kN，超前导管杆抗拔极限值均在130 ~ 145 kN，而自进式超前注浆锚杆抗拉拔极限值均在150 ~ 170 kN，较普通超前锚杆和超前导管抗拔力优势明显。一般而言，随着岩体完整性降低，锚杆的拉拔极限值随之降低，普通超前锚杆随着岩体破碎程度加剧拉拔极限值下降更加显著，而自进式超前注浆锚杆在严重破碎岩体中拉拔极限值损失较小。

2. 注浆效果

锚杆的注浆质量至关重要，直接影响到支护围岩效果。注浆压力和注浆量是反映注浆效果的两个主要指标。

1）注浆压力

岩体破碎程度严重影响到注浆压力，一般破碎区注浆压力在1.0 MPa以上，而在严重破碎区，第一次的注浆压力为0.35 ~ 0.5 MPa，经二次灌浆，压力可达到1.0 MPa以上。在一般破碎区，中空注浆锚杆的注浆压力略大于普通砂浆锚杆，而在严重破碎区，自进式超前注浆锚杆注浆压力明显大于普通砂浆锚杆的注浆压力。

2）注浆量

严重破碎区内锚杆的注浆量远高于一般破碎区的注浆量，可达3 ~ 6倍，自进式超前注浆锚杆的注浆量亦明显大于普超前浆锚杆和超前导管的注浆量，约为它们的2 ~ 2.5倍。

3. 变形分析

锚杆的变形间接反映了杆体的力学及变形特性。从锚杆的极限变形和循环加荷变形情况来对比分析普通超前锚杆、超前导管、自进式超前注浆锚杆的变形性能。循环加卸载的变形能体现锚杆在反复作用力下的变形性能。是三种锚杆在严重破碎区的循环加卸分析图，从循环加卸图分析，自进式超前注浆锚杆的最大变形为 20 mm，最终变形为 16 mm；具体变形过程为：在加载段内，自进式超前注浆锚杆初始变形较大，而后逐渐增加，在荷载 150 kN 下，自进式超前注浆锚杆变形仅为 20 mm，在卸载过程中，锚杆的变形较小，三者均只有 4 mm 的减少量。

根据循环加卸载试验和极限拉拔试验分析，在正常的设计值内，自进式超前注浆锚杆的变形要略小于其他两种锚杆，而达到拉力设计值后卸载后两者的变形减小均较少。围岩破碎程度越高，自进式超前注浆锚杆加固效果相对于其他两种锚杆越明显。自进式超前注浆锚杆在一般破碎区内极限拉拔力和全长其他两种的相差不大,本试验区在 180 kN 附近，在严重破碎区，自进式超前注浆锚杆的极限值（179 kN）大于普通超前锚杆（153 kN），自进式超前注浆锚杆和其他两种锚杆相比，变形相差不大，不因杆体中空而加剧杆体的变形量，其变形性能和一般锚杆性能类似。

自进式超前注浆锚杆在加固破碎围岩中具有较大的优点，节省钢材，施工方便，注浆压力易控制，能有效提高灌浆压力，增加灌浆量，有效增加杆体同围岩黏结力。鉴于上述，本项目在施工过程中遇到围岩为砂卵砾石层及围岩严重挤压破碎带采用自进式超前注浆锚杆优于普通超前锚杆和超前导管注浆，在实际工程当中取得了较好的加固效果。

4. 施工效率

普通超前锚杆和超前导管在一般破碎区施工效率区别不大，自进式超前注浆锚杆因一次钻进成型，效率约增加 10%～20%；在严重破碎区，存在塌孔、卡钻、插杆困难等问题，普通超前锚杆、超前导管施工效率低下，有时需超前压浆固化后再造孔，特别地质条件特别差的地段超前导管无法施工，而自进式超前注浆锚杆不存在塌孔、卡钻、插杆困难等问题，其效率是前两者的 2～5 倍，其经济优势明显。

5. 经济性

在同样难度的施工条件下，一根普通砂浆锚杆的单价是100~120元/根，而一根中空自进式注浆锚杆的单价是200~250元/根。表2-4是普通中空锚杆与中空自进式锚杆在龙开口电站水资源综合利用一期工程隧洞工程施工中的统计数据。从每米锚杆造价来分析：自进式超前注浆锚杆较普通砂浆注浆锚杆高15%左右；从每千牛抗拔力造价来分析：对一般破碎围岩区，自进式超前注浆锚杆较普通中空注浆锚杆高30%左右，对严重破碎区，较普通砂浆锚杆低10%左右，所以从每千牛抗拔力造价来分析，严重破碎围岩区自进式超前注浆锚杆较普通砂浆锚杆经济优势明显。

2.4.4 自进式超前注浆锚杆的优点

1. 适用性强

自进式超前注浆锚杆适用性强，特别是软弱围岩，钻杆、锚杆合二为一，锚杆可直接钻入岩土体，其中空可作为注浆通道，从里至外进行注浆。在回填区、风化岩、破碎岩、砂层、黏土层、卵石层等不良围岩下不需造孔，不需套管护壁。

2. 升压法注浆

注浆方法为孔底返浆，一次升压法注浆，因自进式超前注浆锚杆设计有止浆塞，可实现压力注浆。注浆压力要根据设计值控制，一次升压至设计值，孔口溢浆时压力维持时间不小于 10 min，可实现浆液快速沿破碎带充分渗透，浆液扩散半径大，固结后将围岩凝成一个整体，达到永久性锚固围岩的目的。

3. 操作简便，快捷省时

锚杆连续的国家标准螺纹辅以连接套，使锚体加工、钻头安装、锚杆接长操作简便，快捷省时；锚杆钻到位后即可清孔、压浆，无需拔出钻杆和安装锚杆，较普通中空锚杆、普通砂浆锚杆施工工序简化，工期效益明显。

4. 狭窄空间特长锚杆加固

连续的螺纹使自进式超前注浆锚杆可任意切割、连接，在狭窄的空间实现了特长锚杆加固危岩的目的。同时，连续的螺纹使自进式超前注浆锚杆比光滑的钢管具有更强的黏结阻力,高出普通砂浆锚杆的2~3倍。

2.4.5 自进式超前注浆锚杆的工艺及控制

2.4.5.1 自进式超前注浆锚杆的施工工艺

自进式超前注浆锚杆的典型施工工艺流程见图2-5。

2.4.5.2 自进式超前注浆锚杆工艺控制

1. 钻孔工艺控制

龙开口电站水资源综合利用一期工程隧洞工程在遇到砂卵砾石及严重挤压破碎带时采用中空自进式注浆锚杆进行加固处理。在自进式超前注浆锚杆钻进过程中，严格控制钻孔工艺是保证锚杆钻进和注浆一体化的关键工序。

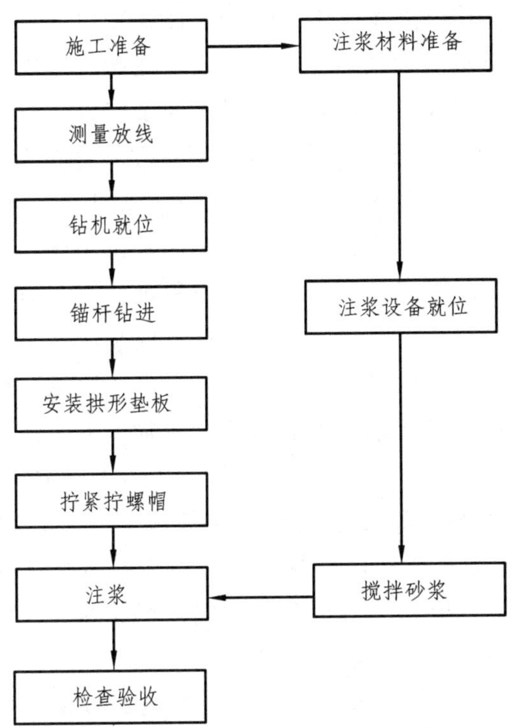

图2-5 自进式超前注浆锚杆施工工艺流程

（1）采用钻具进行钻孔前检查锚杆体中和钻头上的孔是否畅通，若有异物堵塞，及时清理干净，之后将自进式锚杆安装就位。

（2）洗孔及护孔：由于自进式超前注浆锚杆施工区域均为破碎岩体或土夹石松散体，钻进过程中产生的岩屑不易吹出孔外，所以除用钻机的高压风进行吹孔外，必要时需加水洗孔。加水后可同时起到冷却钻头的效果，提高钻孔质量。

（3）自进式超前注浆锚杆的单根钻杆长度根据试验情况和设计进行选择，龙开口电站水资源综合利用一期工程隧洞工程施工选 ϕ25，长度为 4.5 m，为达到设计深度和便于施工，在钻进过程中锚杆加长采用专用连接套进行连接，然后通过 TY-28 钻钻进。由于钻具与钻杆的连接件和锚杆的连接套承受的扭矩较大，为易损件，应适当增加备用件，以确保进度。

2. 注浆工艺控制

（1）自进式超前注浆锚杆钻进至设计深度后，卸下钻机，安装止浆塞，将其安装在锚孔内离孔口 25 cm 处。注浆采用≥ ϕ10 mm 的塑料管进行引导注浆，将塑料管从锚杆中孔插入至底端，注浆从内向外，边注浆边向外侧退移。为保证注浆效果，锚杆安装完成与注浆时间间隔不宜过长，锚杆钻进后应在 2 h 内进行注浆，且注浆顺序应遵循从低到高，从内向外的注浆顺序，以免在破碎岩体中串浆堵塞上部锚杆。

（2）通过快速注浆接头将锚杆尾端与注浆泵相连，待注浆饱满且注浆压力达到设计值时停机。此间注浆压力较难控制，对于地质条件较破碎的岩石，吃浆量较大，易堵塞周边锚孔；注浆压力过小，孔口不易反浆，达不到理想的支护效果。在龙开口电站水资源综合利用一期工程隧洞工程施工中，根据实际地质情况选用的注浆压力为：土石体注浆压力为 0.25 ~ 0.7 MPa；破碎岩体注浆压力为 0.35 ~ 1.2 MPa。并在注浆过程中对吃浆量较大的地段采用了间断注浆的施工方法，间断时间控制在 0.5 ~ 1 h，重复注浆直至孔口反浆或加大注浆压力至注达到预期效果为止。由于各种围岩注浆压力等参数也不同，相关参数根据隧洞的实际地质情况同各参建单位共同现场试验确定。

（3）注浆：注浆前拆除钎尾和钎尾连接套，安装止浆塞、垫片和螺母，并安装快速注浆接头。通过快速注浆接头将锚杆尾端与注浆泵相连。开动机器注浆，待注浆饱满且压力达到预定值时停机，注浆压力根据设计参数和注浆机性能确定。

锚杆注浆为纯水泥浆，水灰比为（0.45 ~ 0.5）∶1，用注浆泵灌注，注浆压力不低于 0.25 MPa。水泥浆严格按试验确定的配合比进行配料，利用水泥净浆搅拌机现场配制，随用随配，一次配制水泥浆在初凝前用完。注浆过程中若灌浆压力达不到要求时，可能发生漏浆或串浆现象。发现漏浆时，应视具体情况采用加浓浆液、间歇注浆和降低压力等方法处理。发现串浆时，如果被串孔正在钻进，应立即停钻；如果被串孔钻进已经完成，串浆量不大时可于注浆的同时在被串孔内通入稀浆（浓度高于水灰比 2∶1），使水泥浆不至于充填钻孔，当串浆量大时可与被串孔同时注浆。

（4）锚杆待凝保护锚：自进式超前注浆锚杆注浆完成后至水泥浆凝固前，不得敲击、碰撞、拉拔锚杆及悬挂重物，以防锚杆质量受到影响。

（5）锚杆注浆密实度检测：龙开口电站水资源综合利用一期工程 15#隧洞锚杆密实度和长度检测采用快速无损检测技术，预应力锚杆抽检数量为总数的 10%，系统锚杆抽检数量为总数的 5%。注浆密实度≥75%为合格，注浆密实度＜75%不合格；检测长度不小于设计长度的 95%为格。15#隧洞 15SD1+132.10 ~ 1+306.397 桩号段穿越砂卵砾石及渗水层自进式注浆锚杆锚杆现场抽样检测结果如表 2-5 所示。检验结果表明检测结果能满足规程、规范、设计要求及班多水电站关于锚杆密实度的有关规定。

表 2-5 自进式超前注浆锚杆现场抽样检测结果

部位	单元数	总检测数	合格数/根	不合格数/根	合格率/%
15SD1+132.10 ~ 1+306.397 桩号段	75	803	781	22	97.26

（5）锚杆施工完毕后，由于爆破震动或其他因素的影响，可能使托板松动，锚固失效。因此，要定时检查，如发现托板松动，应及时拧紧螺帽。

龙开口电站水资源综合利用一期工程隧洞在开挖过程由于隧洞周围的土层性质较差，较多为砂卵砾石、严重挤压破碎带和粉质沙土层，这给隧洞的施工带来了极大的不便，自进式超前注浆锚杆能简化钻孔、注浆、锚固工序，操作简便快捷，施工质量可靠，锚杆全体锚固充分，并能在开挖后立即提供一定的支护抗力，有效抑制围岩的松动和变形，能避免或缓减工程施工及使用期间冒顶片帮或其他病害事故的发生，特别是杆体周围具有足够而均匀的保护层厚度，充分保证了锚杆的耐久性，特别适用于复杂地层、破碎围岩的支护加固，通过对比分析了普通超前锚杆、超前导管及自进式超前注浆锚杆三种锚杆的注浆量、变形、施工效率及经济性，自进式超前注锚杆在龙开口电站水资源综合利用一期工程隧洞的有着无比的优越性，特别是对隧洞开挖经过砂卵砾石及严重挤压破碎带具有较好的加固效果。

2.5　工程实例应用

龙开口电站水资源综合利用一期工程输水隧洞共 15 条，隧洞全长 1 5679.8 m，占线路总长度的 23.28%，隧洞穿越线路长，工程地质条件较为复杂，现分别以穿越挤压破碎带的 12#隧洞和穿越砂卵砾层及粉砂土层的 15#隧洞和隧洞穿越覆盖层较薄的冲沟等，特殊地质条件下采用自进式超前注浆锚杆应用为例进行介绍。

2.5.1　隧洞穿越砂卵砾石层技术方案

2.5.1.1　15#引水隧洞工程地质条件

地处河流三级阶地堆积台地地貌区，进口段地形坡度 25°～35°，出口段地形坡度 30°～40°，下伏地层为二叠系上统玄武岩组中段（$P_2\beta^2$）致密状玄武岩；但隧洞底板未经过此岩层。

据开挖隧洞揭示，隧洞底板穿越地层为金沙江三级阶地底部或者三级阶地与基岩接触带，基岩强风化深度接触带以下 5～10 m，岩体完整性较差；该段三级阶地上部为密实砂土、粉细砂、粉土、黏土等，下部为砂卵砾石、第三系全风化泥质粉砂岩与粉砂质泥岩；地下水类型为孔隙水，地下水埋深高于隧洞底板 20～30 m，进、出口段隧洞底板位于地下水位波动带。

（1）隧洞 15SD0+000.000～0+195.000，本段为引水隧洞地处河流三级阶地堆积台地地貌区，岩层为第三系全风化泥质粉砂岩，岩石的组织结构完全破坏，已崩解和分解成松散的土状或砂状，有很大的体积变化，锤击有松软感，出现凹坑，岩体软而破碎，其中夹有河流阶地携带的砂卵砾石，隧洞底板处于地下水以下，顶拱边墙湿润，顶拱偶有渗水，围岩极不稳定，不能自稳，变形破坏严重，围岩属Ⅴ类围岩。

（2）隧洞 15SD0+195.000 ~ 0+225.000，本段为引水隧洞地处河流三级阶地堆积台地地貌区，岩层为第三系全风化泥质粉砂岩，岩石的组织结构完全破坏，已崩解和分解成松散的土状或砂状，有很大的体积变化，锤击有松软感，出现凹坑，岩体软而破碎，其中夹有河流阶地携带的砂卵砾石，隧洞底板处于地下水以下，顶拱边墙有明显渗水现象，岩体透水性明显增大，变形模量差异较大，围岩极不稳定，不能自稳，变形破坏严重，围岩属Ⅴ类围岩。

（3）隧洞 15SD1+315.397 ~ 1+270.397，本段为引水隧洞地处河流三级阶地堆积台地地貌区，岩层大部分为第三系全风化泥质粉砂岩，15SD1+315.397 ~ K1+309.397 为黏土夹碎石。岩石的组织结构完全破坏，已崩解和分解成松散的土状或砂状，有很大的体积变化，锤击有松软感，出现凹坑，岩体软而破碎，其中夹有河流阶地携带的砂卵砾石，隧洞底板处于地下水以下，顶拱边墙滴水，个别位置偶见线状流水，15SD1+295.397 ~ 1+298.397 出透水性极强，可见岩体被侵蚀严重，已有小面积的崩塌现象发生，应及时加强支护措施，增设排水孔并钢支撑支护。

（4）隧洞 15SD1+270.397 ~ 1+255.397，本段为引水隧洞地处河流三级阶地堆积台地地貌区，岩层为第三系全风化粉砂质泥岩夹少量砂卵砾石，岩石的组织结构完全破坏，已崩解和分解成松散的土状或砂状，遇水极容易软化崩塌，有很大的体积变化，锤击有松软感，出现凹坑，岩体软而破碎，隧洞底板处于地下水以下，顶拱边墙渗水严重，个别地方甚至出现线状流水，围岩极不稳定，不能自稳，变形破坏严重。

（5）隧洞 15SD0+225.000 ~ 0+390.000，本段为引水隧洞地处河流三级阶地堆积台地貌区，岩层为第三系全风化泥质粉砂岩，岩石的组织结构完全破坏，已崩解和分解成松散的土状或砂状，有很大的体积变化，锤击有松软感，出现凹坑，岩体软而破碎，隧洞底板处于地下水以下，顶拱边墙湿润，围岩极不稳定，不能自稳，变形破坏严重，围岩属Ⅴ类围岩。

2.5.1.2　隧洞穿越砂卵砾石层的技术处理

15#隧洞 15SD1+132.10 ~ 1+306.397 桩号段穿越地下水比较丰富的砂卵砾石地层。15#隧洞从出口施工开挖至 15SD1+306.397 桩号时隧洞穿越砂卵砾石层，掌子面为松散的砂卵砾石，并伴有较大渗水。开挖支护按设计采用 ϕ25，L=4.5，间距 20 cm 普通超前锚杆或 ϕ42，L=4.5 间距 30 cm 超前导管进行超前行支护，发现在造孔过程中易出现塌孔或坍塌，超前锚杆或超前导管无法插入，注浆无法进行，起不到预期超前支护的效果；采用原设计超前导管或普通超前锚杆支护发生坍塌，如图 2-6 所示。根据该段地质情况结合自进式超前注浆锚杆特性，经分析研究，在隧工穿越该地质段，改用 ϕ25，L=4.5，间距 30 cm 自进式超前注浆锚杆进行超前支护，同时对松散体进行适当的固结灌浆，取得了非常好的效果，进式超前注浆锚杆方案穿越砂卵砾石层结束（15SD1+132.10 桩号）。

图 2-6　采用原设计及 2 m 超前锚杆支护发生的坍塌

2.5.1.3　施工方案

（1）针对该段砂卵砾石层，在开挖前首先采用 ϕ25，ϕ=4.5 m 的自进式注浆超前锚杆对边墙和顶拱进行超前支护和固结灌浆；锚杆间距为 30 cm，前后排搭接长度为 1.5 m，超前支护有效长度为 3.0 m，自进式注浆超前锚杆打入采用 TY28 风钻，采用 BW-250 型注浆泵注浆，浆液水灰比为 0.45∶1 ~ 0.65∶1，灌浆压力宜控制在 0.25 ~ 0.7 MPa。

（2）自进式超前注浆锚杆施工结束后进行隧洞开挖，开挖每向前推进 0.5 m，立即按设计进行钢支撑（I16 工字钢，榀距 50 cm）、挂钢筋网（ ϕ8@10 ）、喷混凝土（C20，厚 16 cm）支护和补打排水孔（ ϕ50，L=1 m）等施工。

（3）施工工序为：自进式超前注浆锚杆→开挖（进尺约 50 cm）→按设计对开挖面进行初期支护→按开挖及支护循环进尺约 3.0 m→自进式注浆锚杆超前支护，为一个大循环方式进行施工。

隧洞穿越砂卵砾石层不良地质条件，开挖支护方法及施工效果分别如图 2-7、2-8、2-9 所示，图 2-10 为支护自进式超前注浆锚杆的支护效果。

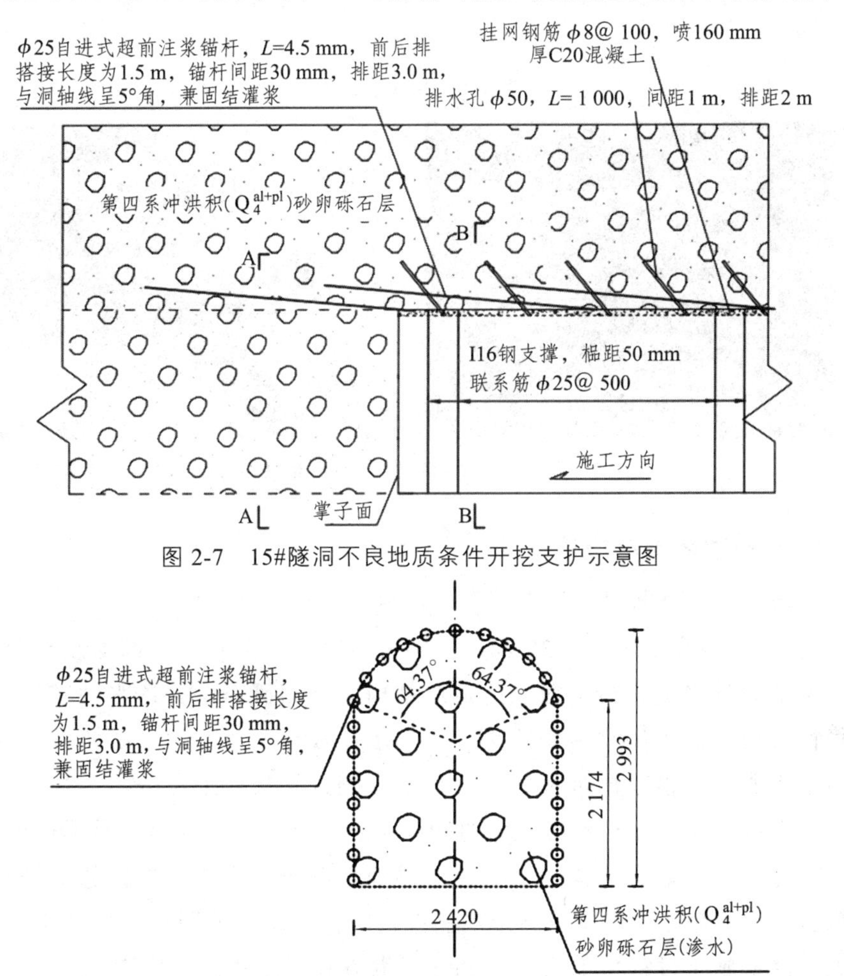

图 2-7 15#隧洞不良地质条件开挖支护示意图

图 2-8 A—A 剖面图

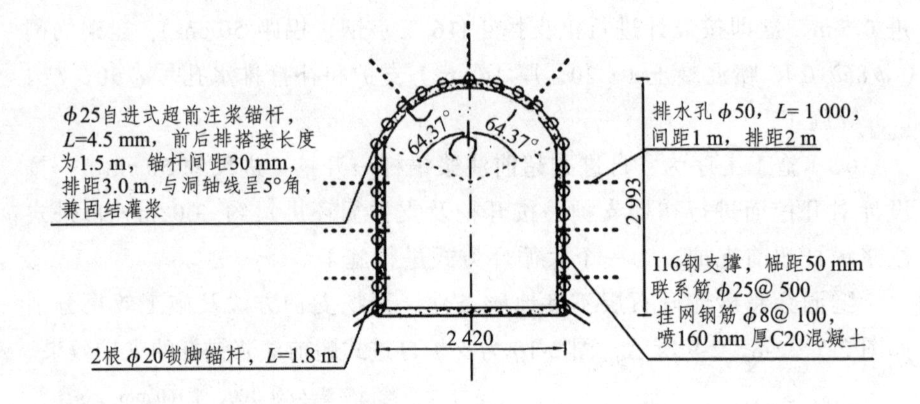

图 2-9　B—B 剖面图

图 2-10　自进式超前注浆锚杆的支护效果

2.5.2　隧洞穿越冲沟技术处理

2.5.2.1　超前导洞排水技术方案

15#隧洞在 15SD1+132.10 ~ 1+013.70 桩号段穿越上半部为砂卵砾石，下半部为静水沉积密实粉土的地质结构。砂卵砾石层，透水性较好，自稳性较差；静水沉积密实粉土层，透水性较差，自稳性较好；该段地层地下水非常丰富，出水量较大，地下水刚好从二元地层分界面通过，因地下水压力作用，分界面上部的砂卵砾石层极易产生塌方，易形成流砂。

针对上述地质结构，采取在下层静水沉积密实粉土层打超前排水导洞方法进行施工，超前导洞排水法有效降低了掌子面附件水位及水压力，大大降低施工过程中上层砂卵砾石层塌方和形成流砂的几率。

2.5.2.2 施工方法

（1）在该段开挖前，首先在静水沉积密实粉土层开挖超前排水导洞，导洞高 1.2 m，宽 0.6 m，导洞边开挖边采用预制好的钢架进行支护，导洞支护采用提前预制好的预制 ϕ25 钢筋制作的桁架，间距 15 cm × 15 cm，同时喷 5 cm 厚混凝土，支护完成后在排水导洞顶部打 ϕ50 的排水孔，与轴线呈 45° 角，间距 1 000，孔深穿透粉土层（排水孔采用轻型电动螺旋钻打孔）。

（2）超前排水导洞开挖约 5 m 后，对上半部砂卵砾石层进行超前支护，超前支护采用自进式注浆超前锚杆，锚杆为 ϕ25，L=4.5 m，间距 30 cm，前后排搭接长度为 3.0 m，同时对砂卵砾石层进行固结灌浆，有效的对松散起到了固结和超前支护作用。

（3）超前支护施工完后再进行隧洞断面的二次扩挖，每扩挖完进尺约 50 cm 立即按设计进行初期支护。

超前排水导洞和超前自进式注浆锚杆，两者的联合使用对穿越地下水丰富的砂卵砾石层与静水沉积密实分图层地质结构的实际施工中效果显著，开挖支护方法及施工效果分别如图 2-11、2-12、2-13、2-14 所示。

（4）施工工序为：超前排水导洞施工→自进式超前注浆锚杆施工→二次扩挖施工（每进尺约 50 cm）→按设计对开挖面进行初期支护→按开挖及支护循环进尺约 3.0 m→超前排水施工，为一个大循环方式进行施工。

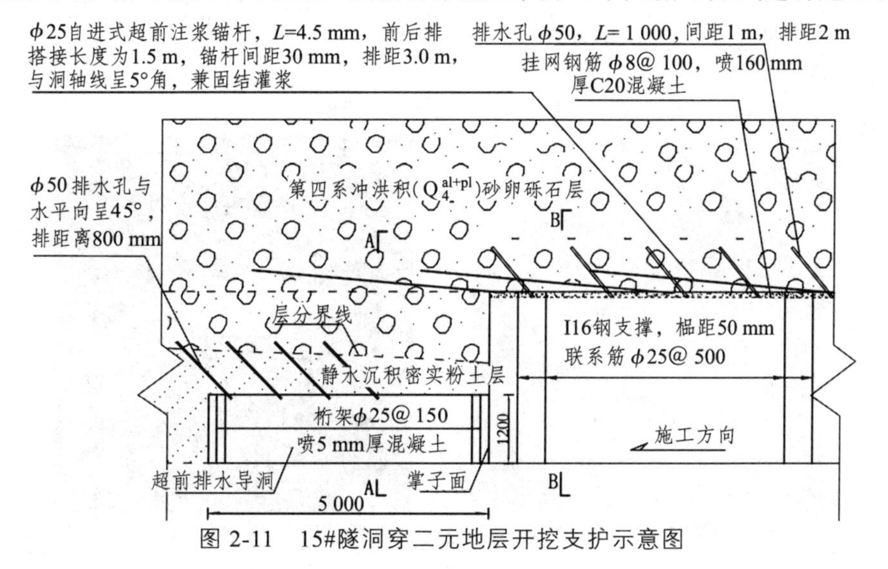

图 2-11 15#隧洞穿二元地层开挖支护示意图

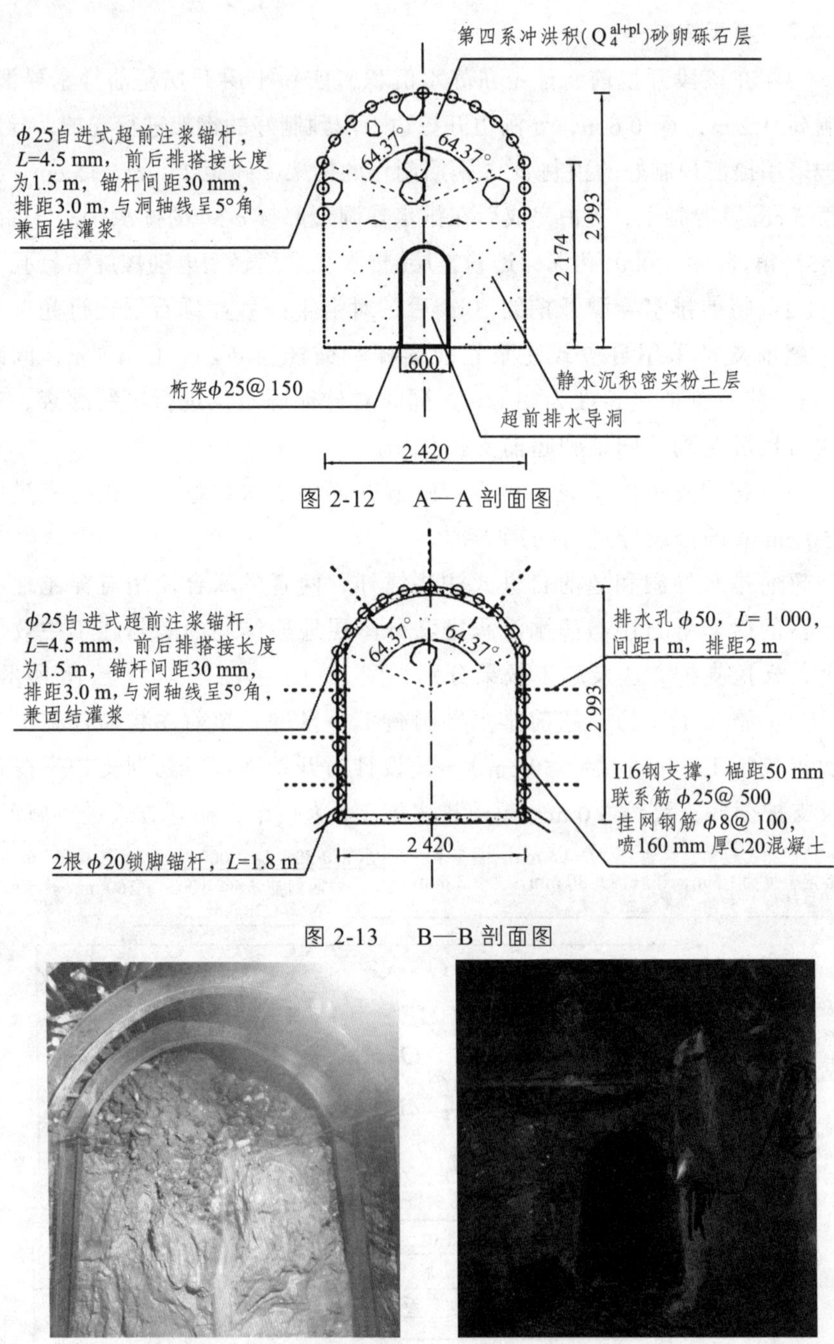

图 2-12　A—A 剖面图

图 2-13　B—B 剖面图

图 2-14　15#隧洞导洞法施工地质情况及排水导洞

2.5.3　隧洞支护方案

2.5.3.1　超前固结灌浆

15#隧洞 15SD0+946.60 ~ LKK15SD0+971.60 段从冲沟下穿过，冲沟深约 18 m，常年有流水，冲沟上口宽为 35 m，下口宽为 25 m，冲沟底距离洞顶约 6.3 m，该段地质为Ⅴ类围岩，上层为黏土层，下层为静水沉积密实粉土层。由于地面覆盖层较薄，且围岩较差，存在的塌方安全隐患，根据地质结构，拟定了两种穿越冲沟施工技术方案，具体方案如下：

方案一：

针对 15#隧洞 15SD0+946.60 ~ 15SD0+971.60 段穿越冲沟段，采取从隧洞顶（冲沟内）对该段使用地质钻打孔固结灌浆方法，先对该段围岩进行固结灌浆处理，再按原设计进行超前支护、开挖和初期支护施工。

方案二：

针对 15#隧洞 15SD0+946.60 ~ 15SD0+971.60 段穿冲沟段，首先在拱顶布置双排 ϕ25 自进式超前注浆锚杆，L=4.5 m，前后排搭接长度为 1.5 m，对该段围岩进行固结灌浆处理，同时进行了超前支护，随后再按原设计进行开挖及初期支护施工。

方案比较：方案一为传统的施工方法，灌浆效果好，但因受地形条件的限制，施工较为困难，施工时间较长，成本较高。

方案二受施工条件的影响较小，操作更为快捷，施工成本较低，但固结灌浆效果较方案一相对较差。

根据地层围岩分析，静水沉积密实粉土层在短时间内自稳性相对较好，采用方案二快捷施工法可避免围岩长时间暴露失稳，经比较最终选择方案二施工方案，施工方案见图 2-15。

2.5.3.2　施工方法

（1）针对 15#隧洞 15SD0+946.60 ~ LKK15SD0+971.60 穿越冲沟段，采用自进式超前注浆锚杆，对穿越冲沟段围岩进行固结灌浆，同时完成超前支护，锚杆为 ϕ25，L=4.5 m，前后排搭接长度为 1.5 m，锚杆为上下两层，下层锚杆与洞轴线呈 5°角，上层与洞轴线呈 10°角，注浆先注下层，再注上层，灌浆压力为 0.5 ~ 1.0 MPa，浆液比为 1∶0.5。

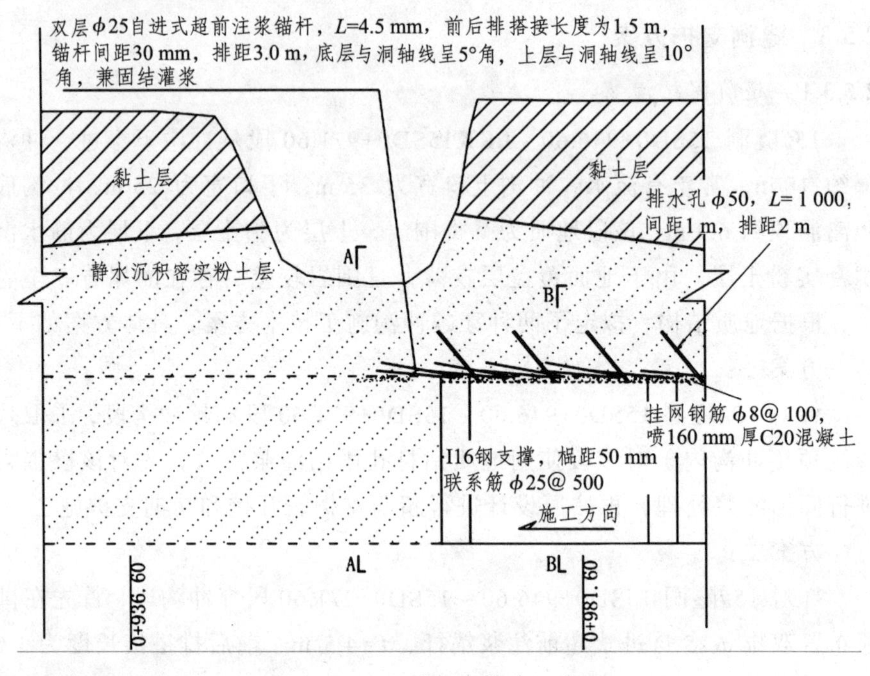

图 2-15　15#隧洞穿冲沟示意图

（2）采用自进式超前注浆锚杆固结灌浆结束后再进行隧洞开挖，开挖每向前推进 0.5 m，立即按设计进行钢支撑（I16 工字钢，榀距 50 cm）、挂钢筋网（φ8@10）、喷混凝土（C20，厚 16 cm）支护和补打排水孔（φ50，L=1 m）等施工。

（3）施工工序为：下层自进式超前注浆锚杆固结灌浆→上层自进式超前注浆锚杆固结灌浆→开挖（进尺约 50 cm）→按设计对开挖面进行初期支护→按开挖及支护循环进尺约 3.0 m→自进式注浆锚杆超固结灌浆，为一个大循环方式进行施工。

15#隧洞穿越冲沟超前注浆及支护如图 2-16、2-17 所示。

2.5.4　隧洞穿越较大挤压破碎（涌水）带技术方案

2.5.4.1　地质结构及原因分析

在 12#隧洞 12SD0+365.50 ~ 0+397.3 桩号段穿越较大型挤压破碎带，当开挖至 12SD0+365.50 桩号时，在超前探孔中发现有水柱喷出，水压力较大，且较为浑浊，发现可能有较大涌水的迹象，人员撤离施工现场，隧洞涌水逐步增大至约 3.0 m³/s，随后涌水稳定至流量约 1.1 m³/s，持续约 82 h，再随后逐步减小至约为 0.01 m³/s，并趋于稳定，涌水中夹杂着大量破碎岩渣，涌水后，12#隧洞约开挖完好的约 70%被涌水带出的岩渣填满，如图 2-18 所示。

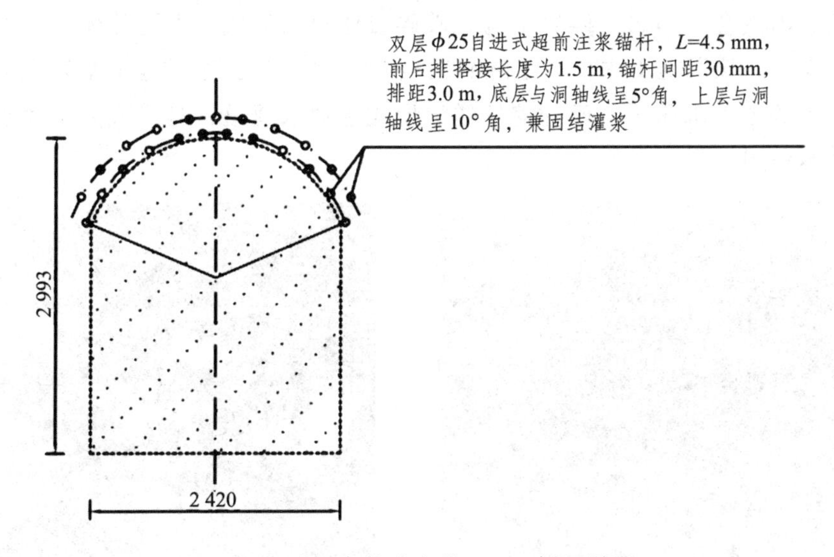

图 2-16　隧洞穿越冲沟纵 A—A 剖面详图

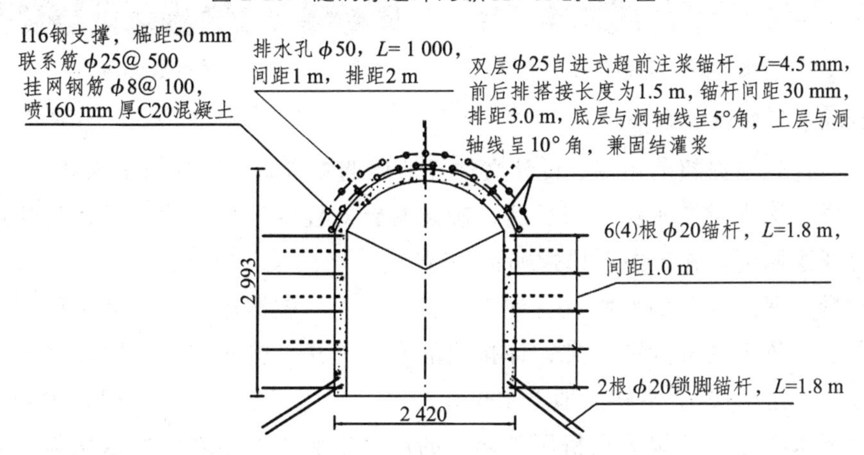

图 2-17　隧洞穿越冲沟纵 B—B 剖面详图

据推断涌水段地质构造为，侵蚀构造中山斜坡地貌区，穿越地层岩性为二叠系上统玄武岩组中段（$P_2\beta^2$）玄武岩，岩体呈散体状结构，大量次生夹泥，不稳定，推断其为山体构造运动上下错动、左右挤压而形成较大型断层破碎带，隧洞横穿破碎带宽度约 31.8 m，贯穿隧洞上下，透水性极强，其上下游围岩相对透水性较弱，形成相对隔水边界，开挖破坏相对隔水层，造成大规模涌水。受风化及节理裂隙影响，岩体完整性、内嵌合力差，呈碎碎结构，破碎岩体松散形成巨大孔隙体，地下水位丰富，该段地下水位高于隧洞底板 20 ~ 30 m，孔隙被地下水填充形成较大的地下水压了，已开挖好隧洞形成了涌水通道，是形成大量涌水的根本原因。

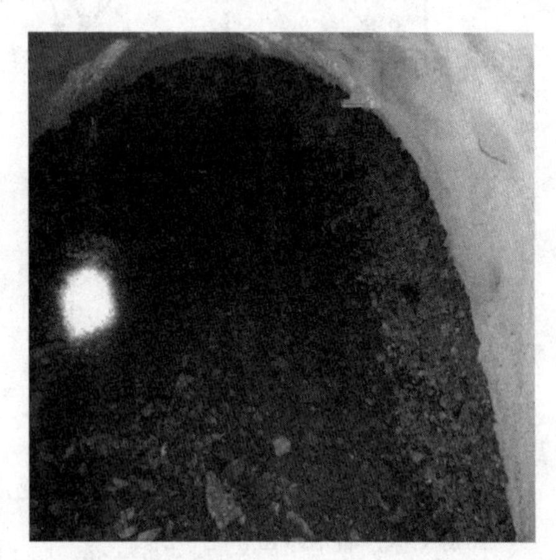

图 2-18　12#隧洞穿越较大型挤压破碎带出现大量涌水及碎渣

2.5.4.2　处理原则

首先根据超前钻探、设计文件及地质调查资料，明确涌水水源补给、水质、涌水量、水压等情况后，确定有针对性的治理方案，采取先治水后开挖原则。施工中严格遵循："杆超前、严注浆、短开挖、强支护、勤测量、深排水"的原则进行施工。目前国内外隧洞施工中，涌水处理的方法大体上就分为两大类，即排除涌水的方法（排水法）和阻止涌水的方法（止水法）。本隧洞地下水位线较高，水压了较大。若采用堵水处理地下水将会重新聚集在挤压破碎带的巨大空腔内产生较大的水压力，在地下水压力的作用下，有可能再次出现涌水，存在较大的安全隐患。经分析，该挤压破碎带的处理方案主要采取排水加固法技术方案，具体方案如图 2-19、2-20、2-21 所示。

2.5.4.3 处理技术方案及施工方法

（1）首先对隧洞被挤压破碎带涌水带出的渣土所填埋的隧洞段进行清渣处理，处理过程中由专人负责监控其渣体的变化情况及已开挖支护完隧洞的变形情况，以确保施工安全。

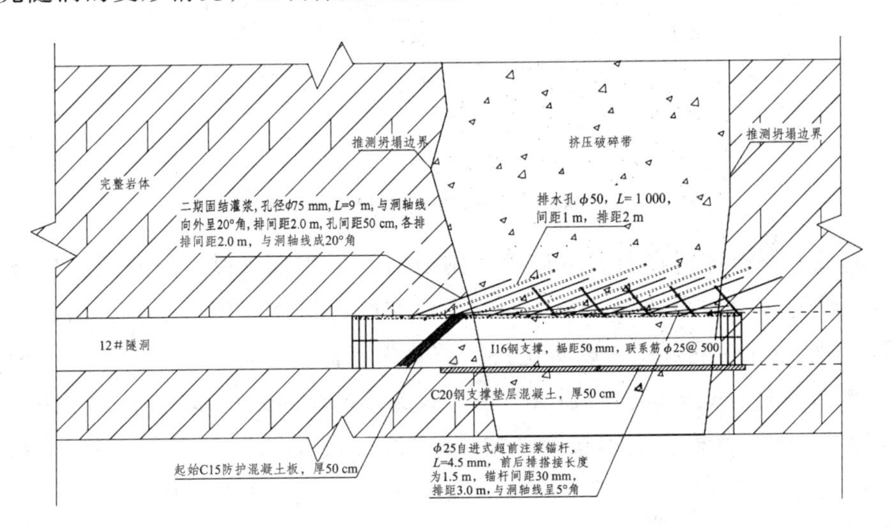

图 2-19 12#隧洞挤压破碎带处理方案示意图

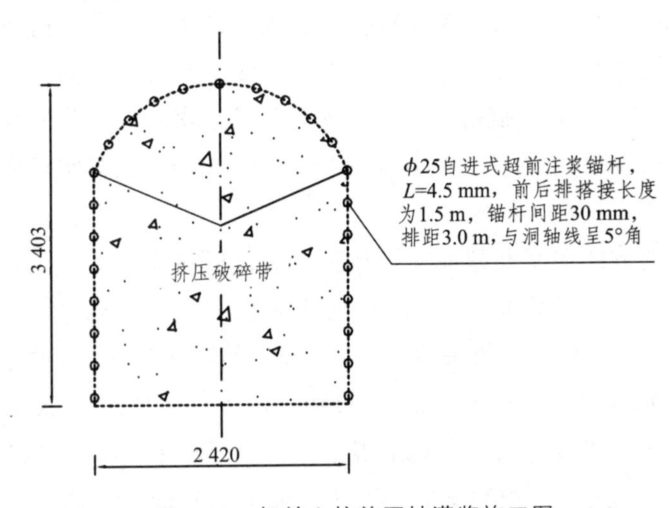

图 2-20 超前支护兼固结灌浆施工图

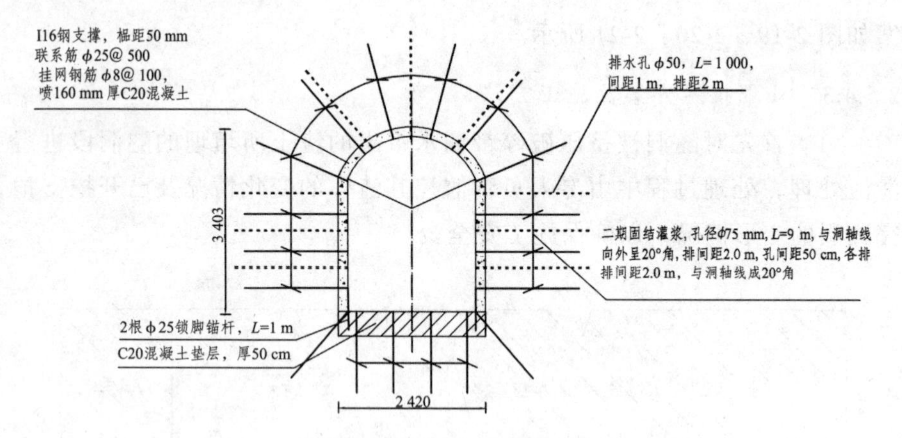

图 2-21　初期支护及二期固结灌浆加固施工图

（2）到渣体清理至临近破碎带附近时，采用钢支撑支对临近挤压破碎带段进行行加固处理。为确保安全，在临近挤压破碎带渣体表面浇筑 C15，厚 50 cm 混凝土，以防止挤压破碎带渣体再次涌出，伤及人员。钢支撑采用 I18 工字钢，间距 40 cm，钢支撑各榀间采用 ϕ25 钢筋连接，间距 50 cm，各榀钢支撑布置 ϕ22，L=1.8 m 锁脚和砂浆锚杆，同时采用自进式注浆锚杆对该段进行固结灌浆加固处理，锚杆为 ϕ25，L=4.5 m，锚杆间距为 30 cm，排间距为 2.0 m。

（3）待临近段加固处理完成后，再采用自进式超前注浆锚杆进行破碎带的固结灌浆及超前支护施工，锚杆为 ϕ25，L=4.5 m，前后排搭接长度为 1.5 m，锚杆与洞轴线呈 5°角。灌浆采用净水泥浆，浆液水灰比为 0.45∶1 ~ 0.65∶1，灌浆压力宜控制在 0.2 ~ 0.5 MPa，根据实际情况具体确定，同时进行排水孔的施工。

（4）超前固结灌浆及超前支护施工完后，拆除临时封盖混凝土，同时进行挤压破碎带段的掘进开挖，每向前掘进约 0.5 m 后立即进行初期支护，初期支护采用钢支撑采用 I18 工字钢，间距 40 cm，钢支撑各榀间采用 ϕ25 钢筋连接，间距 50 cm，各榀钢支撑布置 ϕ22，L=1.8 m 锁脚和砂浆锚杆，底板浇筑 50 cm 厚 C20 混凝土，以增加钢支撑的承载力。

（5）随后再进行开挖和支护，待进尺达到约 3.0m 后，将对完成开挖段二次固结灌浆进行加固处理。二期灌浆采用自进式注浆锚杆，锚杆为

ϕ25，L=4.5 m，锚杆间距为 30 cm，排间距为 2.0 m。二期固结灌浆结束后立即打排水孔，排水为 ϕ50，长度为 5.0 m。

（6）随后再采用自进式注浆锚杆，进行掌子面的超前固结灌浆和超前支护，此循环为一个大循环。

（7）施工工序为：自进式注浆锚杆超前注浆和支护→掘进（约 0.5 m）→垫层混凝土浇筑→初期支护（钢支撑施工、管网喷混凝土等施工）→二次固结灌浆（加固）→排水孔施工→自进式注浆锚杆超前注浆和支护工，以此工序循环施工。

2.5.5 隧洞开挖支护施工

1. 施工准备

1）施工用风

在隧洞开挖施工布置中已经综合考虑了引水隧洞开挖用风，引水隧洞开挖用风布置 10 m^3/min 电动空压机机进行供风，主供风管采用 100 钢管连接到施工作业面。供风管之间采用法兰连接，在距开挖掌子面 20 ~ 30 m 处设置带截门的风叉，然后采用 50 或 25 胶管供风至掌子面。供风主管布置在开挖断面右侧边墙的下部，设置钢托架固定。这样可以保证洞内有害气体和粉尘及时排出洞外，为施工人员提供较好的施工环境。

2）施工用水

隧洞开挖施工用水从金沙江或附近冲沟内取水，通过水泵抽水至隧洞口上方建好的集中供水池，供水池容量为 20 m^3。用 D50 钢管引入洞内。供水管布置在开挖断面右侧洞壁的下部，设钢托架固定。供水管采用法兰连接，距开挖面 20 ~ 30 m 处，设置带截门的水叉，采用胶管向作业面供水。

3）施工用电

隧洞开挖用电，从附近现有 10 kV 线路接入至隧洞口附近，利用布置隧洞的 S11 型变压器降压至 380 V 供电。再主电源线端头接 1 漏电断路器，利用 120 ~ 150 mm^2 低压电缆引入洞内，电缆沿洞壁拱角一侧敷设，设钢支架固定每隔 50 ~ 100 m 左右设置一接线端子和漏电断路器，线路布置需满足洞内施工设备用电要求，供电线路同开挖工作面保持 20 m 左右的安全距离。为防止系统停电，在洞口设置一台 150 kw 的柴油发电。

4）施工照明

照明线路采用 50 mm^2 的低压绝缘导线，沿洞壁一侧拱角布置。洞内非作业地段采用 24 V 白炽灯照明，每隔 15~20 m 设置一盏 20 W 白炽灯，距离开挖工作面 30 m 以内，改为 36 V 安全电压照明，开挖、支护工作面照明采用低压投光灯具，每 5 ~ 10 m 布置一盏。另外，为防止施工中突然停电，施工人员配置 4 ~ 6 V 头灯作为应急照明。

5）施工排水

在隧洞设计底板坡度为 1/2 500，由于本工程隧洞大部围岩较差，渗水严重，利用坡降自然排水非常困难，本工程排水主要采取抽排水方案，每隔约 200 m，在隧洞右侧开挖 80 cm × 80 cm × 100 cm 的积水坑，利用潜水泵接力通过 ϕ100 钢管抽排至洞外。

6）施工通信

隧洞外：主要采手机和对讲机进行联络，隧洞内：主要采用信号灯。

7）弃渣

隧洞开挖土石方按照设计规划堆放在制定的渣场，在堆渣前需按设计完成相关的挡渣墙等水保措施，对完渣后采用植物措施或复耕。

8）施工道路布置

隧洞施工道路首先利用工程区现有道路，在现有道路的基础上根据工程施工需要再修建新的道路，施工道路修建原则为：利用现有道路为先，一路多用。

此外，在隧洞土石方挖施工前，要做到人员到位，机械正常运行，材料到位，道路、风、水、电通畅合理，测量施工放样，技术交底等工作。

2. 开挖及支护施工

1）隧洞开挖

本工程隧洞Ⅲ类围岩约占 40%，Ⅳ、Ⅴ类围岩约占 60%，Ⅲ类围岩开挖主要采取光面爆破开挖；Ⅳ类围岩开挖主要采取控制性爆破开挖；Ⅴ类围岩松散围岩采用扒渣机结合人工开挖较密实Ⅴ类围岩首先采取松动弱爆破再采用扒渣机结合人工开挖，每个开挖支护循环进尺不大于 1.5 m；不良地质结构Ⅴ类围岩开挖支护循环进尺不大于 0.5 m。

2）超前支护

超前支护主要针对Ⅴ类围岩地质结构隧洞，一般Ⅴ类围岩超前支护采用 ϕ25，L=4.5 m 普通锚杆支护或 ϕ25，ϕ=4.5 m 超前导管；不良地质Ⅴ类围岩超前支护采用 ϕ25，L=4.5 m 自进式超前注浆锚杆支护。

3）初期支护

Ⅲ类围岩初期支护只要采取随机锚杆和喷 5 cm 厚 C20 混凝支护；Ⅳ类围岩采用混凝土、砂浆锚杆、挂 ϕ8@150 钢筋网、喷 10 cm 厚 C20 混凝支护；Ⅴ类围岩初期支护采用 I16 钢支撑（榀距 50 ~ 80 cm）、砂浆锚杆、喷 16 cm 厚 C20 混凝支护。

2.6 注意事项

（1）在施工中，每台钻机必须间隔一定的距离，否则向岩体内大量注水，极易引起掌子面的坍滑。

（2）钻进过程中，要保证钻头水孔的通畅。注意水从钻孔中流出的状况，若有水孔堵塞的现象，应后撤锚杆 50 cm 左右，并反复扫孔，使水孔畅通，然后慢慢进尺，直至设计深度。

（3）水泥液浆应严格按配合比配制，并随配随用，以免时间太长，使浆液在泵、管中凝结。

（4）注浆顺序应该逆着水流方向，这样可以减少已有钻孔碎片对下步钻孔注浆的影响。

（5）钻孔注浆应先从隧道底部开始. 如果先施工上部，则上部钻孔的碎片沉积底部，将影响施工，施工时要及时清理地面的碎片。

（6）施工过程中及时对开挖支护完成的隧洞实施监测，并对检测数据进行分析，为隧洞变形情况提供依据。

（7）在开挖钻孔过程中，需适当布置超前地质探孔，探孔深度较开挖支护孔深 2 ~ 3 m，以预防涌水等情况的发生。

2.7 效果评价

龙开口电站水资源综合利用一期工程 12#、15#隧洞采用自进式超前注浆锚杆技术后，很大程度上实现了对砂卵砾石层和严重挤压破碎带固结和超前支护，改善了岩层的整体力学性能。通过对完成注浆的岩壁进行开挖，注浆 30 cm 范围内的空隙基本被填满；通过检查孔观察法对检查孔进行了观察，并未发现有涌水、涌砂、涌泥现象，并在放置一段时间后没有发生坍孔现象；通过对注浆后的掌子面开挖，无坍塌现象支护效果明显，说明了自进式超前注浆锚杆对该隧洞经过的砂卵砾石层起到了很好的加固效果和对洞内的渗水起到了有效的控制，为隧洞的顺利开挖起到了十分重要的作用。

2.8　结论及建议

本项目结合龙开口水电站水资源综合利用一期工程隧洞工程为研究背景，对不良地质隧洞施工采用自进式超前注浆锚杆支护，很好地解决了隧洞在开挖过程中遇到的塌方、涌水、涌沙等问题，并实现了对小断面隧洞快速掘进，在实际施工中起到了显著效果，通过该工程不良工程地质条件下的施工新技术应用得出如下结论：

（1）龙开口电站水资源综合利用一期工程输水小断面隧洞因不具备大型施工设备使用，机械设备可用性较小、施工方法及施工成本等因素限制，运渣、通风、排水等方面的问题都会影响到小断面隧道开挖施工的顺利进行，小断面隧洞施工作业空间有限、工序多、工序间干扰大，相互影响，造成施工组织、进度和安全控制等方面困难和复杂。

（2）龙开口电站水资源综合利用一期工程输水隧洞共 15 条隧洞（长度 240.6 ~ 4 158.9 m），隧洞全长 1 5679.8 m，占线路总长度的 23.28%，隧洞穿越线路长，沿线地质地形条件复杂，岩性变化大，工程地质条件和地质构造较为复杂，隧洞施工难度较大。

（3）对介于不适应普通超前锚杆和超前导管支护的小断面隧洞采用自进式超前注浆锚杆，一种集钻进、注浆、锚固等功能于一体的新型锚杆。在隧洞的施工应用结果表明，自进式超前注浆锚杆起到超前导管和超前锚杆的共同作用，主要应用于隧洞地质较差的破碎带、砂卵砾石层等不良地质环境，能够提高注浆效果和施工效率，较好地改良围岩，减小围岩较差的隧洞支护施工难度，锚固质量好，安全可靠，达到理想的支护效果，对指导同类工程施工有重要指导意义。

（4）实践表明，在穿越砂卵砾石层与粉砂层等特殊地质条件下的含水洞段，自进式超前注浆锚杆可加固隧洞四周以外一定范围内的含水岩层，提高其稳定性、减小的渗水量并形成一定的连续承载防渗体，可较有效地防止隧洞渗漏和增强结构稳定的作用；而超前导洞排水技术可以有效降低隧洞内水位及水压，防止流砂，两者的联合使用对穿越砂卵砾石层的含水洞段在实际施工中效果显著，为类似的洞内涌水工程问题可提供参考和借鉴。

3　经济适用型有轨出渣技术的应用

目前隧洞主要的开挖方法有钻爆法和掘进机（TBM）法，TBM法多用于大断面的圆形隧洞，国内的隧道施工以钻爆法为主。钻爆法包括矿山法和新奥法，钻爆法施工适用范围比较广，它不受隧洞形状及断面尺寸的限制，并可以随时改变。对各类围岩均能适用，施工设备简单，施工工艺灵活，可根据现场地质条件变化，制定相应的施工方案。钻爆法的施工工序主要为钻孔、装药、爆破通风、找顶和出渣，而制约钻爆法快速掘进的关键工序为钻孔和出渣，将开挖的石渣迅速装车运出洞外，是提高隧洞掘进速度的重要环节。该项作业往往占全部开挖作业时间的40%～60%。

龙开口电站水资源综合利用一期工程隧洞共 15 条，长度共计15 613.065 m，断面为城门洞型，开挖断面尺寸较小（宽×高：2.6 m×3.267 m～2.1 m×2.833 m），大部分隧洞长度超过 500 m，隧洞穿越地层地质条件较差，Ⅴ类围岩比例约占 60%；因受条件限制开挖支护施工大型设备法使用，只能采用小型运输设备；经地质揭露，较大部分Ⅴ类围岩透水性好，卵砾石含量20%~30%，围岩的组织结构完全破坏，围岩多为粉质沙土，遇水易软化，轮式运输设备无法使用，如10#、15#隧洞，12#隧洞全长 4 158.9 m，中段开挖施工通风排烟困难，洞渣运输耗时较长，对作业人员健康和工期影响较大。因此，控制出渣时间是提高龙开口电站水资源综合利用一期工程隧洞施工效率的关键。

3.1　隧洞出渣运输方式

通常的出渣方式有无轨运输、有轨运输两种，少数采用胶带出渣。施工时应根据隧洞的长度、开挖方法、机具设备、运输量大小、施工进度等确定合理的出渣方案。

当洞口距开挖工作面较长且隧洞断面较小时，有轨出渣方式有较大的优势。短距离出渣多采用蓄电池式电机车，无废气污染，极大地提高了隧洞施工的环境，适应强，而对于地质条件较为复杂且断面较小的隧洞施工由于条件的限制大型机械设备无法进入施工现场，有轨运输设备灵活受地质条件限制较小，可以提高出渣效率。有轨出渣设备在但受电池电量影响，当运输长度大于 8 km 时，使用内燃机车比较合适保证出渣的连续性；虽然前期投资较大，但能提高隧洞的出渣效率，从而保证工程的进度。图 3-1 是有轨出渣示意图。

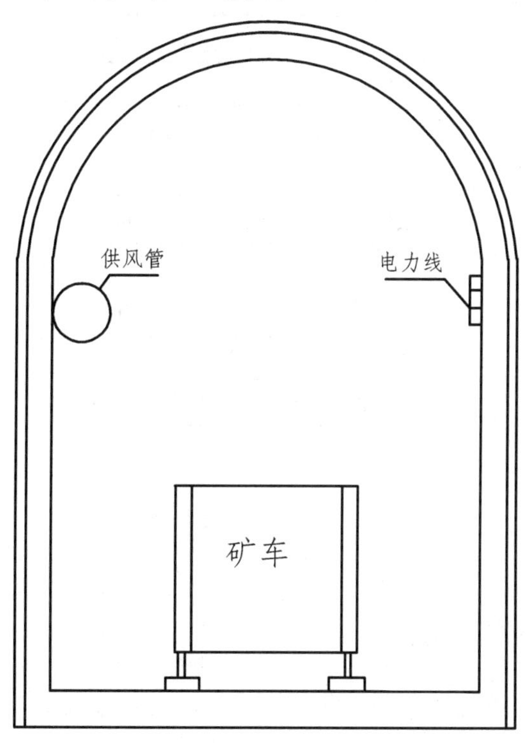

图 3-1　有轨出渣示意图

无轨出渣技术一般适用于较大断面，一般要求隧洞高度和宽宽度应在 3.5 m 以上，其施工流程见图 3-2。随着低矮窄体电动运输车、扒渣装载机、全液压凿岩台车的发展和应用，无轨出渣技术得到了迅速发展。对于小断面隧洞出渣量少，隧洞强度低，常采用无轨出渣方式。无轨运输设备比较灵活，通用性大，设备利用率高。当采用无轨运输方式时，隧洞本身作为交通运输通道，隧洞断面设计参照《公路隧道设计规范》（JTGD70—2004）。建筑界限内不得有任何部件侵入；隧道建筑限界基本宽度应符合如下规定：当设置检修道或人行道时，不设余宽；当不设检修道或人行道时，应设不小于 25 cm 的余宽。隧道内路边沟宽度应小于侧向宽度，并布置于车道两侧。洞内施工期交通运输设计速度小于 20 km/h，侧向宽度应不小于 25 cm，余宽取 25 cm。

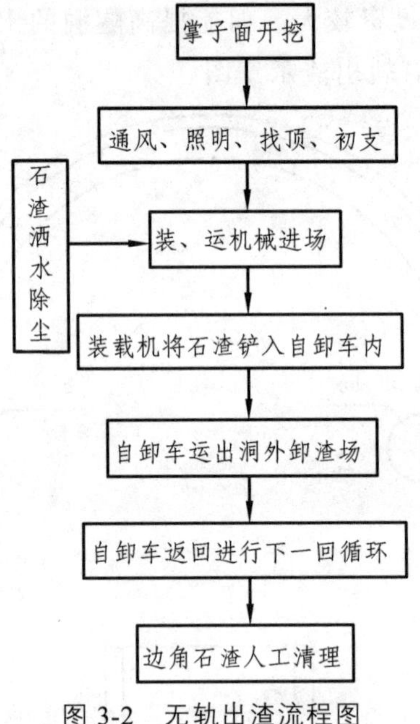

图 3-2　无轨出渣流程图

3.2　隧洞出渣方案比选

龙开口电站水资源综合利用一期工程隧洞共 15 条，长度共计 15 613.065 m，断面为城门洞型，断面尺寸 2.6 m × 3.267 m ~ 2.1 m × 2.833 m（宽 × 高）：隧洞穿越砂卵砾石层和泥质粉砂土层，上层为砂卵砾石层地质条件较差，Ⅴ类围岩比例约占 60%，大型设备无法在这种环境下发挥作用，只能采用小型运输设备。经地质揭露，10#均为静水沉积密实粉砂土层，地下水较为丰富；15#隧洞交替穿越静水沉积密实粉土层和砂卵砾石层。粉沙土遇水易软化，轮式运输设备很容易陷入软化淤泥中造成设备的损坏，给施工带来不便的同时也增加维修费用。12#隧洞全长 4 158.9 m，隧洞穿越地层岩性为二叠系上统玄武岩组以Ⅲ类围岩为主夹约 20%Ⅳ、Ⅴ类围岩，进出口段为Ⅴ类围岩，为金沙江三级阶地底部或者三级阶地与基岩接触带，上层为砂卵砾石，下层为碎石土，隧洞处地下水位线以下，若采用轮式运输设备，因隧洞长断面小，通风排烟将十分困难。10#、12#、15#隧洞开挖距离长、断面小，地下水丰富。隧洞前段：地处侵蚀构造中山斜坡地貌区，进口段地形坡度为 20°~40°。隧洞中段：地处侵蚀构造中山斜坡地貌区，穿越沟谷。隧洞后段：地处侵蚀构造中山斜坡地貌区，地下水类型为基岩裂隙水，地下水位高于隧洞底板 50~70 m，这给隧洞出渣带来了很大的困难，严重制约了出渣效率。而出渣效率制约着施工的效率，研究表明该项工序占整个开挖作业时间的 40%~60%，所以减少出渣时间是提高施工效率的关键。表 3-1 从运输能力、施工管理以及施工环境对两种出渣方式进行比较。无轨运输机动性较强，一般采用内燃机运输，对洞内作业空间要求较大，车辆排出的气体对洞内环境影响较大，当施工遇到涌水时对场地要求更高，一般适用于短隧洞的施工。有轨运输相较于无轨运输一般不受地质条件、隧洞规模等的影响，其一般采用电车运输，具有速度快、污染小等特点，在长隧洞施工中有着无可比拟的优点。因此在短隧洞施工出渣方案主要采用无轨运输，而对于长隧洞、小断面的施工宜采用有轨运输方案。

表 3-1 两种出渣方案对比

运输方式	运输能力	交通要求	施工管理	安全性	环境通风	污染情况
有轨出渣	较强	需铺设枕木和钢轨，对地基承载力要求较低	轨道线路需要养护，管理较复杂	不确定因素较多，出现事故将非常严重	加强通风	较低
无轨出渣	较低	需保证通道有较高硬度和较大宽度，对地基承载力要求较高	运输较为灵活，管理简单	独立运行，受外界干扰较小	对通风要求很高	扬尘较大

3.2.1　安全风险性比较

龙开口电站水资源综合利用一期工程隧洞 12#隧洞总长 4 159.783 m，独头掘进距离长约为 2 080 m，对于长隧洞来说，在施工过程中洞内通风排烟是施工安全的关键，通风排烟是长隧洞的难点。随着掌子面距离不断增加，岩层、爆破、喷锚、机械出渣、焊接作业等产生的有害气体和粉尘，严重危害洞内作业人员的身体健康。为解决通风问题，必须合理选择科学的通风方式、通风机械、风管参数以及通风管理模式，确保通风效果，提高洞内作业劳动生产率、节约工时、降低成本。本工程在进行出渣方式的选择时仔细考虑了有轨出渣和无轨出渣的优劣。由于无轨出渣在进行出渣时需使用内燃机设备，污染源主要集中在作业面，而由于隧洞本身的施工特点，由内燃机产生的燃气不能很好地排到洞外，则会影响工程施工的效率。相比于无轨出渣，有轨出渣很好地避免了这一隐患，有轨出渣主要选用是电机车及矿斗车，这两种设备在工作时基本为零排放，极大地提高了隧洞内的施工环境和隧洞的施工效率。通过现场实践，单管通风满足隧洞内通风的要求。图 3-4 是隧洞有轨出渣通风管布置图。采用单管排气方法进行，即在洞内布设直径为 500 mm 通风软管，用角钢固定在隧洞的一侧，在通风管的另一侧布设电器照明线路，1 台 TZ-50 型，15 kW 轴流式通风机压入式通风进行将洞内废气排出，形成对流使洞内临爆工作面的废气尽快得到更换，使洞内气流达到安全要求。通风效果比较：使用 1 台 11 kW 轴流式通风机压入式通风，有轨运输每循环通风时间只有 0.5 h，洞内空气质量还很好。而无轨运输在 500 m 以内每循环通风时间平均为 8 h，500 m 以后几乎是不间断通风，洞内烟尘仍然很大，通过分析有轨出渣和无轨出渣的通风效果，有轨出渣在本工程中运用效果优于无轨出渣。

3.2.2　施工效率比较

10#、15#隧洞围岩均为Ⅴ类围岩，12#隧洞洞身以Ⅲ类围岩为主，夹 20%～30%的Ⅳ、Ⅴ类，过水断面尺寸 2.1 m×2.833 m～2.6 m×3.267 m（宽×高），隧洞位于地下水位线下，地下水较为丰富，在隧洞施工中涌水和渗水现象较为严重，洞内运输严重制约施工进度。在这施工条件下，若采用无轨运输方式进行洞内运输，则很容易导致运输设备下陷无法满足施工要求，从而影响隧洞施工的进度。通过现场施工比较，相比于无轨出渣，采用有轨出渣能很好避免这种情况，由于铺设枕木和钢轨很大程度上提高了隧洞的出渣效率，为工程的顺利完工奠定了基础。

3.2.3　经济型比较

在保证施工进度、安全的同时，经济效益也是工程在施工中关注的一个重要因素。因此，项目参与人通过参与现场实践及搜集到的现场信息，对于隧洞底部地质条件较好时，对比分析了部分有轨出渣与无轨出渣的经济效益并给出了具体的适用范围。有轨出渣施工如图 3-3 所示。

图 3-3　隧洞现场施工图
（10#隧洞）

1. 通风

按照 1 台 15 kW 轴流式通风机压入式通风比较，有轨运输每循环通风时间平均只需 0.5 h，洞内空气质量较好。而无轨运输在 500 m 以内每循环通风时间平均为 1.2 h，500 m 以上几乎是不间断通风，洞内烟尘仍然很大，相比较无轨出渣的通风排烟循环时间远低于有轨出渣，且空气质量更好于无轨出渣。

通过对通风成本、衬砌施工成本量的比较，绘制有轨出渣和无轨出渣的损益平衡图，如图 3-4 所示。从图中可以看出 A 区无轨运输经济性好，B 区有轨运输经济性好。通过以上比较可知，在该工程当中，当地质条件较好时，长隧洞的施工采用有轨出渣更具有经济优势。

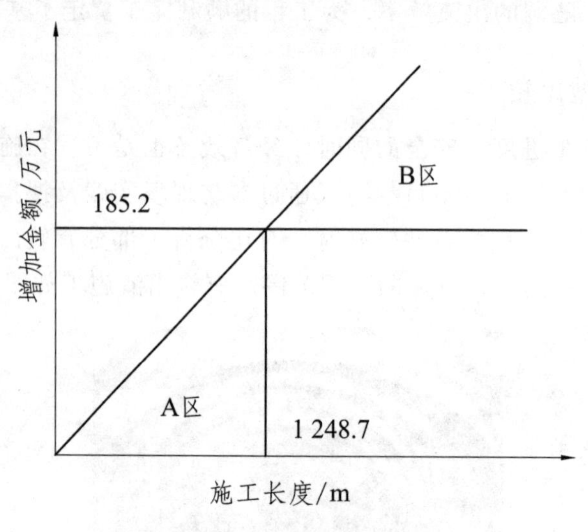

图 3-4　损益平衡分析表

2. 效率

对不良地质隧洞进行出渣方式的选择，本项目主要对比分析了有轨出渣和无轨出渣施工的安全性、高效性及经济性。从安全角度分析：有轨出渣方式由于使用的是电机车作为牵引，极大地提高了隧洞的环境，避免了安全事故的发生；从施工效率分析：由于龙开口电站水资源综合利用一期工程隧洞工程的地质条件差且 12#隧洞的开挖长度长、断面尺寸小等特点，采用有轨出渣能很好地提高出渣效率，从而保证工程的进度；从经济性分析：通过计算通风、施工两方面的成本，在地质条件较好时隧洞开挖较长时采用有轨出渣更为经济。综合以上三方面的考虑，有轨运输方案在长隧洞、小断面隧洞施工中具有施工便捷、技术先进、经济合理的优势。

3.3 有轨出渣运输施工方法

3.3.1 有轨设备的比选

龙开口电站水资源综合利用一期工程机械设备的选型力求在保证工期的前提下，减少设备投入，降低生产成本，各工序作业能力匹配，实现均衡生产，提高经济效益。选型配套原则如下：

（1）施工机械的性能满足施工方法和工艺的需要，外形尺寸适合于隧洞内生产作业空间，并尽可能适用于多种地质条件下的不同施工方法，保证有轨出渣的快速与便捷。

（2）机械选型配套能力应与隧洞在全线中的地位和合同工期相适应，总投入应高于隧洞工程总投资的 10%，而低于总投资的 20%。

（3）配套后的各生产线应具备综合优化性能，整体作业能力相互匹配，避免各作业线生产的不均衡性。

龙开口电站水资源综合利用一期工程隧洞共配置了掘进、喷锚、衬砌三条作业线和清底、通风、电力、供风机械保障体系。出渣的运行方式，在隧洞掌子面，人工操作扒渣机把爆破的洞渣装至矿车，用蓄电式电机车牵引出洞，在洞外卸渣，空回至掌子面，循环往复。

1. 电机车比选

电机车在比选时按电机车的牵引能力和制动能力（不加附加制动）进行比选。参数拟订：（1）制动能力按运行时速 8.9 km/h；（2）5 t 梭式矿车自重取 4.8 t，5 m^3 矿斗车自重 4 t；（3）根据龙开口电站水资源综合一期的隧洞工程的实际情况，在长大坡度下运行是整个有轨系统安全生产的关键之处，因此在对机车性能进行检算时，选取最大坡度进行检算，其结果见表 3-2。

从表 3-2 可以看出每种规格的单台电机车可牵引和制动出渣设备的数量。梭式矿车除单节满载外，因搭接装不满，搭接一节总载重量减少 3 t，矿斗式矿车几乎可以满载。考虑到运行时出渣线路较长，采用 8.9 km/h 进行衡量，储备系数为 1.2，繁忙时两节装载。

梭式矿车：（31+4.8）×1.2=43 t≤50 t，所以选取 6 t 机车。

矿斗车：（4+25）×1.2=34.8 t≤35 t，所以选取 4 t 机车。

经过比选，选取 4 t 的机车能够充分利用机车的性能，安全系数大，达到最大利用率。

表 3-2　不同吨级电机车牵引、制动及载重参数表

电机车吨级	牵引能力/t	制动能力/t		梭式矿车载重/t			矿车载重/t		
		6.5/(km/h)	8.9/(km/h)	自重	单节	两节	自重	单节	两节
2	17.8	18	17	4.8	15	31	4	12	25
4	35.5	39	35	4.8	15	31	4	12	25
6	53	50	50	4.8	15	31	4	12	25

2. 梭式矿车与矿斗车比选

目前国内有轨出渣方案主要在梭式矿车和矿斗车之间选择，根据对梭式矿车或矿斗车出渣方案的考察调研和比选分析，根据龙开口电站水资源综合利用一期隧洞工程的实际情况，比较二者的优缺点如表 3-3 所示，由于隧洞过断面尺寸较小，而梭式矿车的外形尺寸较大，不能灵活地进行出渣；梭式矿车由于自重大，增加了进场难度而矿斗车自重轻，且购置成本较低，适用于本工程的施工。因此本工程采用了矿斗车进行出渣比较经济适用，并符合实际情况。

3. 充电机

充电机是给电瓶组充电的专用设备，额定直流电流 80 A，电压调压范围 0 ~ 290 V。实际使用充电电流调在 60 A 左右，每组电瓶的充电时间为 8 ~ 10 h。

表 3-3　梭式矿车和矿斗车优缺点比较

梭式矿车	优点	可搭接，装渣，卸渣方便
	缺点	1. 因搭接第二节装不满，两节车平均装渣 35 m³。 2. 外形尺寸长度方向尺寸过大，占用站线长。 3. 自重较大，增加机车进场难度，且载重率比较低，约为 2。 4. 运行成本高，5 km 隧洞消耗零备件约占梭式矿车购置成本的 30%左右；掉道后恢复困难。 5. 单车购置成本高

续表

矿斗车	优点	1. 装渣满载系数高，每节车基本上均可满载。 2. 外形尺寸长度方向尺寸小，约为梭式矿车一半，占用站线短。 3. 自重轻，适宜于龙开口进场便道的实际情况，载重率较高，约为5。 4. 运行成本低，较少发生维修和配件消耗；掉道后恢复容易。 5. 单车购置成本低
	缺点	1. 一次只能装一节，一个牵引机车拉两节时需进行调度，增加调度时间。 2. 增加翻车机购置费用

3.3.2 轨道选择

目前中隧道的施工中，究竟采用哪一种，主要取决于以下几个方面：能否满足载重要求；能否满足快速运输要求；目前的电瓶车和梭式矿车的类型，即使轴重再有所增大，22 kg/m 钢轨仍能满足载重要求。在行车的速度方面，目前采用有轨运输的隧洞，其行车速度大多在 18 km/h 左右。本工程有轨出渣控制时速预定为 15 km/h，在这样的速度范围内，22 kg/m 钢轨显然也能满足要求。龙开口电站水资源综合利用一期工程隧洞有轨运输的钢轨采用 22 kg/m 的钢轨，钢轨长度为 6 m 标准钢轨；安装轨距 600 mm，枕木采用 15 cm × 15 cm × 120 cm 的方形枕木，间距 100 cm。通过现场试验，采用 22 kg/m 钢轨及铺设枕木的参数能满足机械载重力及行车速度要求。

3.3.3 轨道布置

轨道铺设必须以现场实际情况而定，其原则是：保证各掌子面有车装渣、卸渣场有车卸，各汇车道有车汇车。

1. 工艺流程

基础面平整→石渣垫层→铺设枕木→轨道联结→铆钉固定→石渣加固→试车运行→轨道加固

2. 洞内轨道布置

龙开口电站水资源综合利用一期隧洞工程因过断面尺寸较小，洞内施工场地狭窄，隧洞内线路以单轨为主。22 kg/m 的钢轨长为 6 m 标准钢轨，轨距 600 mm；枕木采用 15 cm × 15 cm × 120 cm，枕木间距为 100 cm，夹板为厂家提供的标准件。为保证施工通道的畅通，按照本工程选择的出渣设备的型号在轨道两侧均留有一定的安全距离保证人员指挥、临时物品堆放的需求及洞内通风和电力设施的布置。由于循环进尺在 2.0 m 左右，要保持装渣矿车与工作面的距离始终在一定的范围内，应临时铺设短轨，短轨长度在 2.0 m 左右，当短轨的铺设长度接近 6 m 时，统一更换为标准轨。轨枕下铺设的道砟采用透水性较好、粒径 5 ~ 20 mm 碎石，轨道在运行过程中产生的不平顺和方向不良均可通过调整枕下碎石加以整治。若隧洞底板地质条件较差时需增加道砟层的厚度以保证轨道的强度满足出渣要求。洞内轨道布置如图 3-5 所示。

图 3-5　洞内道轨道布置形式（12#隧洞）

图 3-6　洞外轨道布置形式（15#隧洞）

3. 洞外轨道布置

洞外轨道布置的原则是满足出渣运输，存车、调头及充电的需要，合理布置轨道，是保证运输畅通，缩短出渣时间，增加循环次数的关键。为了减少错车、卸渣所占用的空间，保证围岩的稳定，并能迅速、快捷地卸渣，采用“分岔错车法”将电机车与矿车分道错开，我们根据出口场地实际情况，结合机械设备数量、能力对洞外轨道进行合理的布置。

由于弃渣地形平缓，结合电机车的爬坡能力和弃渣数量，构成一个循环轨道，有效长度 30 m，以保证矿车调头，为防止两台矿车同时卸渣发生冲突，在距循环岔前 100 m 处铺设一付道岔，以保证两台矿车不同方向同时弃渣。首先通过洞内运渣将洞渣运至洞口指定位置，然后通过采用大型运输设备将洞渣运至指定的渣场，保证出渣的畅通。洞外轨道布置形式如图 3-6 所示。由于电瓶车连续工作 4~6 h 后就要充电，调换电瓶，此时又不能同出渣运输发生冲突，本项目还准备了备用电机车，便于电机车调换电瓶，保证了隧洞的出渣的连续性和高效性。

3.3.4 有轨运输出渣方式

在对隧洞进行爆破开挖后，立即进行排烟处理，待排烟结束后，对开挖面进行排险处理，采用扒查机将洞渣装至矿车，用蓄电式电机车运输至洞外指定地方卸渣，空回至掌子面，循环往复。由于本标段隧洞单头掘进的长度 4 158.78 m，所以在 2 200 m 以前，采用两台电瓶车两台矿车配套出渣，一台若在掌子面，另一台停在洞口会车道上等待，里面的一台电瓶车矿车一出洞，外面的这台立即就进洞，循环作业。由于在蓄电池机车充电、检修等过程中存在一定的干扰。我们还专门设立调度员，对梭车运行进行统一指挥，保证梭车运行畅通有序。为提高隧洞的施工环境，采用单管排气方法进行，即在洞内布设一根直径 500 mm PVC 供风带，用角钢固定在隧洞的一侧，1 台 15 kW 轴流式通风机压入式通风进行将洞内废气排出，形成对流使洞内临爆工作面的废气尽快得到更换，使洞内气流达到安全要求；为保证随时保持联系，确保在错车道会车安全有序，给驾驶员配备对讲机，洞外人员采用无线通信设备交流；为最大可能减小待充电机车相互间的干扰以及等待时间，还对每台机车应分别编号，指派专人管理；保证有轨运输系统正常运行，对机车及矿车进行常规检测和应急检修工作。常规检修每隔固定的一段时间进行一次，主要对机车进行“常规体检”，以保养为主。应急检修是当设备出现故障时，在最短时间内将机车运行至检修道内，由专业人员进行检测和维修；由于在运输过程中洞渣的掉落，影响轨道的平整度，容易发生出轨事故，因此本项目还设置整道维护作业班，随时清理堆积物，检查轨道平整度，保障轨道运行畅通。

3.3.5　轨道养护与维修

轨道维护在隧洞有轨运输中极为重要。龙开口电站水资源综合利用一期工程隧洞工程多次突发涌水，涌水将轨道部分填渣冲失，造成轨道系统稳定性降低，轨道间距加大，造成脱轨；轨道系统长期在流水中浸泡，枕木腐烂，也降低轨道的稳定性。因此，成立轨道系统维护班组，加强轨道系统的日常维护主要做到以下几点，保证轨道畅通，提高运输效率：

1. 轨道几何形位检查

线路检查的主要内容：

（1）轨道各组成部分及路基的状态。

（2）轨道几何形位（轨距、水平、轨面高低、轨道方向）是否正确。

（3）行车平稳程度。

检查线路时，对路基不良地区应特别注意。

检查钢轨时，应特别注意接头区和焊缝区。对于已发现有疲劳伤损的钢轨，要注意是否已萌生轨头裂纹或核伤，仔细判断他们的位置、深度和走向，同时密切注意其是否在继续发展。检查枕木时应注意其机械磨损和腐朽程度。对接头螺栓和扣件，应注意其有无磨耗超限和松动现象。

2. 养路工作

轨道的主要特点之一是养护维修工作的经常性和周期性，其必须在边工作的条件下，进行经常性和周期性的养护维修和修理工作。

在机车车辆的动力荷载作用下，轨道被破坏的形式是多种多样的，其中最主要的是轨道的残余变形。轨道残余变形的存在，不仅会影响列车的高速和平稳运行，且当累积到一定程度后，将大大降低和削弱轨道结构的强度和稳定性，威胁行车安全。

轨道残余变形包括轨道各部分在空间位置上的变化，以及各组成部件的磨耗伤损两个方面。前者指轨道在竖向、横向和纵向上几何形位的变化，使轨道原有的稳定状态受到破坏，如轨道爬行，方向不良，高低不平，轨距扩大或缩小，轨道沉陷等。后者则指诸如钢轨及其连接部件的磨损，轨枕破损等。

3.3.6 运行安全

运行安全是有轨运输系统管理中的重中之重。为保证运行安全，必须对机车司机进行岗前培训以及施工过程中的经常性培训教育；严格控制列车运行速度；运行过程中，特别是在道岔和洞口处，机车司机应加强瞭望，遇有人员或其他车辆等障碍物时，须鸣笛并提前减速；通过弯道或道岔时，要减速慢行；机车调头时要将阻车器放到梭车车轮下面，防止矿车前后移动。人员进出洞必须乘坐轨道客车或空矿车的车厢内，严禁重车载人和扒车；轨道车辆应加强日常检修和维修等；应急检修是当设备出现故障时，在最短时间内将机车运行至检修道内，由专业人员进行检测和维修。同时要求成洞最大行车速度不得超过 15 km/h，洞内施工不得超过 10 km/h，人工在梭矿车上卸渣时应严格控制行车速度，最高不得超过 5 km/h；卸渣人员必须服从领车人员的指挥。

3.3.7 有轨运输行车调度

1. 调度组织

为组织高效的有轨运输，我单位在洞口设置总调度室、开挖爆破班组、有轨运输班组、支护班组，洞内掘进掌子面附近，通过专用内线电话统一调度，洞内各工作面间均配置对讲机，形成一个完善、有效的统一调度指挥系统，发现问题及时处理。

2. 工序交接

钻孔爆破、出渣、喷混凝土支护等各主要工序交接实行双通知制度：即在该工序结束前提前通知洞口总调度室和下一工序所在班组分调度室，洞口总调度室接到通知后再通知下一工序班组分调度室并做记录，以确保下一工序施工人员提前准备，及时进洞到达工作面，形成洞内工作面工序无缝连接，提高施工效率。

3. 车辆行驶线路

轨道运输车辆严格按进出洞线路行车。以出渣车辆为例，机车牵引矿车自洞口车场沿轻车道进洞到道岔，在道岔调头后机车顶推矿车沿轻车道至掌子面附近的调车道岔，在调车道岔前方等候，待前车在掌子面装渣完毕驶离调车道岔后，立即自轻车道经调车道岔至重车道进入掌子面装渣；装渣完毕，机车牵引重载矿车沿重车道行驶至道岔，机车在道岔调头后顶推矿车出洞，经洞口车场至卸渣码头，卸渣完毕后在车场调车线由重载车道进入轻载车道。当部分洞段一条轨道系统故障或被临时占用时，上下两个横通道口的道岔值班人员及时将该段轨道系统封闭，车辆临时进入另外一条轨道，在下一道岔处返回正常轨道行驶，此时道岔之间的联络与调度就极为重要。

3.4　存在的问题与改进

龙开口电站水资源综合利用一期隧洞工程由于受隧洞的开挖长度及断面尺寸的限制，因此对该项目的隧洞出渣采用有轨出渣技术，极大地提高了隧洞的施工效率。通过参与隧洞的施工，主要有以下几方面问题有待提高和改进。

（1）在轨枕选择上，不宜选用木枕，因为木枕长期浸泡于水中容易腐化变形，降低轨道使用寿命。

（2）由于隧洞开挖长度较长且断面尺寸较小，严重影响了洞内施工人员的交流和信号灯的布置，影响出渣效率。

（3）轨道两侧机械停放以及材料堆放不应占用轨道，这样降低出渣的效率,从而影响工程工期,且距离轨道不小于 80 cm,高度不大于 100 cm。

（4）有轨运输作为机械化程度施工工法，做好设备的管理与操作尤为重要，所以没有对施工班组做相应对的专业的培训，对工程进度计划影响较大。今后应从以下两个方面改进：① 提高司机操作水平，特别是对运输司机从操作技能上严格要求，达到运用自如的目的；② 需要一批掌握修理技术的修理工和了解机械性能的管理者，以便在机械设备出现故障时能够合理地进行机械维修和安排机械调整，提高机械使用效率。

3.5　有轨运输效果分析

龙开口水电站水资源综合利用一期工程一共 15 条隧洞，长度共计

15 613.065 m，其中 10#，12#，15#隧洞由于地质条件差且开挖长度长、开挖断面尺寸小，给机械化施工带了很大的困难，本工程在不良地质条件隧洞出渣采用有轨出渣技术实现了对隧洞的快速掘进。通过实践，有轨出渣技术在本工程中发挥了不可忽视的作用：蓄电池电机机车的使用则减小了小端面、长隧洞施工的通风压力，极大地改善了洞内作业环境；矿车的使用使得运输设备可以灵活进出隧洞出渣；轨道布置避免了运输设备在不良地质条件下的施工不便，减少了设备的维修费，从而降低了施工的成本，提高了工作效率，保证了工程的进度要求，为工程的顺利完成奠定了坚实的基础。

3.6 结论

龙开口水电站水资源综合利用一期隧洞工程开挖距离长、开挖断面小，且围岩稳定性就较差，地下水较为丰富，围岩多为粉土遇水易软化。通过有轨出渣运输方法和无轨出渣方式在龙开口水电站水资源综合利用一期工程隧洞中的操作、安全、经济等方面的对比，有轨出渣运输方式明显优于无轨出渣运输方式。通过有轨出渣运输方式，实现了小断面、长隧洞快速掘进。有轨出渣及在小断面长隧洞施工中属于临时工程，运输系统是控制施工进度的瓶颈，它对于施工的进度及工程效益有很大影响。结合该工程施工实际情况总结归纳出：

（1）采用有轨运输系统能有效改善了小断面、长隧洞内空气质量，降低了小断面、长隧洞内安全风险，对实现良好的施工环境有着重要意义。

（2）采用有轨出渣运输方式，避免了大型机械的施工的不便及设备的损耗，降低了施工的成本。

（3）龙开口水电站水资源综合利用一期隧洞工程采用有轨出渣运输方式有效地缩短作业循环时间，从而提高施工进度，保证了工程的进度和安全，比较适合工期紧、作业面小、无法使用大型机械设备施工的隧洞的施工。

第 2 篇　线性工程管理研究

4 线性工程管理研究概述

4.1 线性工程管理技术现状

线性工程项目，也称水平型重复性工程项目，是指该工程项目的大多数分项工程在水平方向上是连续的，各分项工程的施工进程也是连续的，这些工程项目的施工建设进程是沿水平方向用米、站、英里来表达的。线性工程的特点主要有：施工点多线长；施工期较长；周边人为因素对施工影响大；受气候影响较大；对生态环境影响很大。

线性工程项目管理对施工项目质量、成本、进度管理与其他施工项目具有明显的区别。线性工程在水平方向上的连续使其工程特点跨越的地域环境差别很大，对于质量、成本、进度三要素的控制需要更加精细化的管理。

4.1.1 施工质量管理现状

目前对于线性工程质量管理方面的研究主要是从施工中影响质量的因素出发加强管理方面的措施，毕竟项目质量的管理是项目成功的关键，对质量的把控永远是管理中的重中之重。质量的控制管理方面与其他工程项目管理方式没有多大的差异，主要包括质量控制方法[108-109]、质量管理措施[110-116]、质量缺陷补救措施[117]等。已有诸多文献对公路工程[118-119]、铁路工程[120-121]、隧道工程[123]、城市高架桥工程[124]、城市地铁[125]、轻轨工程、水利工程[108,126-127]等施工过程中的质量管理方法及新技术进行了研究及应用。

4.1.2 施工成本管理现状

国内外针对线性工程成本的管理研究较多是从风险的识别规避和新技术运用等方面来降低成本。在一些学者的研究中，对工程成本的研究是控制各分项分部工程的成本，分清主次部分，在控制成本的同时保证质量。

文献[128-129]阐述了实施水利工程项目成本管理的必要性，剖析了当前水利工程施工项目成本管理中的薄弱环节，并提出了推进水利工程施工项目成本管理的对策。文献[130-131]通过对中型水电站的施工成本分析，为今后的水电施工行业成本控制提供一种参考依据。文献[132]应用现代项目规划理论、组织论及技术经济工具，结合 LN 水利枢纽引水隧洞工程项目实践，研究工程项目施工阶段成本规划的详细编制方法和施工过程中成本控制与成本规划调整的方法，形成施工阶段成本规划编制与实施的参考文件。

4.1.3　施工进度管理现状

文献[133]针对小型引水式电站工程建设进度管理，结合盘县乌都河洞口水电站实际情况，在简述三大进度管理难点的基础上，提出了分析细化目标、调查研究对象与编制执行方案 3 个进度管理方法，并通过实践证明这些方法切实有效，可以很好地保障项目建设进度。文献[134-135]基于系统仿真技术、实时控制技术和风险预测技术，开展长距离引水隧洞群施工全过程仿真优化与进度控制关键技术研究，建立了长距离引水隧洞群施工全过程仿真模型。文献[136-137]通过对我国水利工程进度管理制约因素以及我国水利工程进度管理中存在的问题进行简要分析，如何加强我国水利工程整体进度的管理控制，实现在保证质量符合工程标准的前提下，加快工程进度缩短周期，节省工程成本，实现施工企业可持续高效快速发展，达到经济效益的最大化模式。文献[138]介绍了赢得值法在跟踪指导水利水电工程项目进度管理中发挥了其独特的效果。文献[139]从水利工程进度管理和成本控制的内涵、影响因素和控制措施等方面进行了深入分析和探讨，旨在为水利工程建设施工单位提供一定解决问题的思路，使企业向着更好的方向发展。

4.1.4 其他管理技术应用现状

从整体的项目管理出发，改善管理水平最有效的方法还是理论方法的创新和运用信息化手段管理工程。目前，BIM 技术已在水利工程中推广应用，如水利工程可视化仿真[140-143]、方案设计[144]、建设研究[145-146]、投资管理[147]、安全管理[148]以及基于风险理念的全生命周期信息管理[149]等领域。但实际工程管理还存在很多问题，主要存在项目信息的公开透明、各方协助、技术人才方面。对于隧洞（道）这类线状工程，目前国内外研究的 LSM[150-156]线状工程进度计划方法相比较传统的网络计划技术，线性计划方法在线性工程上的应用具有明显的优势，对于引水隧洞施工这种线性工程有更强的适用性。线性计划方法在线性工程中的应用具有以下优势：

（1）能够精确地模拟活动的活动进展情形和施工的速率。

（2）能够图形化地、更加简洁地展示施工的过程。

（3）能够更加全面、准确地描述施工活动之间的各种约束。

CPM：开始-开始/开始-结束/结束-开始/结束-结束（SS/SF/FS/FF）。

LSM：约束（minimum/maximum time/distance buffer）。

基于 LSM 技术和 BIM 信息化平台的研究发展是隧洞（道）等线状工程管理应用研究的趋势，能较好的改善国内工程管理现状。

4.2 工程概况

龙开口电站水资源综合利用一期工程供水任务为云南省永胜县涛源镇片区农业灌溉供水及人畜饮水。输水干渠取水口位于龙开口水电站大坝左岸，进口底板高程 1 287.5 m，线路沿着金沙江左岸山体布置，最后到达涛源镇镇政府所在片区，线路总长为 65.7 km。沿线由 83 座建筑物组成，其中明渠 40 段，长度共计 43 266.479 8 m，占总长的 65.86%；隧洞 15 条，长度共计 15 613.065 m，占引水系统总长的 23.76%；渡槽 10 座，长度共计 1 739.261 m，占总长的 2.65%；倒虹吸 16 座，长度共计 4166.262 m，占总长的 6.34%；暗涵 1 座，长 562.148 m，占总长的 0.86%；明管 352.785 m，占总长的 0.53%。本段线路引水设计流量为 0.5 ~ 4.7m³/s，加大流量为 0.625 ~ 5.875m³/s，沿线共设 25 个自流灌溉分水口，13 座提水灌溉泵站。

4.2.1　水文气象条件

工程位于金沙江河谷区，海拔高程为 1 170 ~ 1 330 m 之间，气候类型属南亚热带低纬度山地季风气候。光热资源丰富，光照充足，年日照时数 1 900 ~ 2 100 h。多年平均气温 20.4 °C，最热月 6 月平均气温 25.5 °C，最冷月 1 月平均气温 12.6 °C，各月平均气温升降不剧烈，冬无严寒，夏无酷暑。降水中等，多年平均降雨量约为 950 mm，降雨大多集中在雨季 6—10 月。

4.2.2　工程地质条件

工程区位于青藏高原与云贵高原接壤的斜坡过渡地带，属滇西纵谷山区及滇中红层高原区地貌单元，以冰蚀、侵蚀、剥蚀地貌为主。渠线总体属剥蚀、溶蚀中低山地貌，渠线地形普遍较陡，自然坡度 20° ~ 40°，局部达 60° ~ 70°，局部地形平缓开阔，自然坡度在 20°以下。地表多为第四系松散层覆盖。渠道沿线物理地质现象较发育，主要为冲沟、塌滑、泥石流。一期工程沿线地表大部分为第四系金沙江高阶地堆积砾石层及残坡积层、洪冲积层，下伏基岩为二叠系上统玄武岩组（$P\beta$）玄武岩、二叠系下统（P_1）灰岩夹生物灰岩、石炭系（C）灰岩及鲕状灰岩、泥盆系上统（D_3）硅质岩、泥盆系中统（D_2）灰岩及白云质灰岩。

明渠所处山坡地形大多较缓，渠基置于基岩或砂砾卵石层之上，承载力基本满足要求，渠道自然边坡基本稳定—较不稳定。沿线共设隧洞 15 条，长 15 613.065 m，约占线路总长的 23.76%。据统计Ⅲ类围岩长约 4 631.774 m，约占隧洞全长的 29.68%；Ⅳ类围岩长约 1 994.651 m，约占隧洞全长的 12.76%；Ⅴ类围岩长约 8 986.639 m，约占隧洞全长的 57.56%。渡槽大多跨河或冲沟，沟谷段第四系松散覆盖层厚小于 5 m，渡槽基础为风化基岩或砂卵砾石，承载力基本满足要求，自然边坡基本稳定，地表水、地下水活动对基坑开挖有一定影响。倒虹吸基础为风化基岩或砂卵砾石，承载力基本满足要求，自然边坡稳定，地表水、地下水活动对基坑开挖有一定影响。

4.2.3 施工条件

1. 交通条件

龙开口电站水资源综合利用一期工程途经片角、太极、涛源等乡镇地界，引水线路渠首距永胜县 77 km，距昆明 480 km；出口距永胜 67 km，距昆明 408 km。工程附近有祥云至永胜二级公路、县乡公路、乡村公路通过，可作为施工期间各施工点对外交通道路。部分施工点附近有乡村道路，改扩建后可作为施工进场道路；现无公路相连的施工点，需新建施工进场道路。

本工程所有改扩建公路、新建公路均由发包人自行修建，发包人不提供任何改扩建及新建道路交付承包人使用。

2. 水、电及建材供应

工程所需钢材采用昆钢产品，由丽江、永胜当地建材市场采购供应；水泥由当地丽江水泥厂、永胜水泥厂购买供应；木材、油料等向当地相关物资部门购买供应，炸药向当地公安部门购买供应。本阶段在工程区域内共选取金龙、上干村 2 个石料场，工程所需块石料由石料场开采供应；工程所需碎石骨料由石料场开采原料在石料场附近的碎石料加工系统加工供应。工程所需砂料采用金沙江天然河砂，由沿江的采砂场购买供应。导流围堰土料用量较少，从明挖渣料中选取。施工期生产、生活用水主要抽引金沙江水、沿线山箐水供应，水质水量可满足施工生产生活要求，生活用水需净化处理。供电方式采用永久与临时结合的方式，线路 8 ~ 65.7 km 段施工期间供电线路由沿线 13 个泵站的永久 10 kV 供电线路接引。引水线路前 8 km 段，由龙开口电站原施工输电线路或乡村电网接引供给。枢纽工程区无线通信信号良好，施工期拟采用无线通信方式。

3. 石料场

金龙石料场位于龙开口电站坝址下游金沙江左岸金龙村北西约 1 km，距离渠道取水口约 19.6 km。料场分布高程一般为 1 325 ~ 1 475 m，地形完整性较好。地层岩性弱—微风化玄武岩。该料场的混凝土粗细骨料、块石料的质量基本满足设计对引水线路所需各种石料的质量技术要求。料场位于渠线附近，位于山坡高处，交通条件较为便利。开采不受地下水的影响，边坡基本稳定，开采条件较好。

上干村石料场位于龙开口电站坝址下游金沙江左岸上干村北约1 km，距离渠道取水口约46.0 km。料场分布高程一般为1 325 ~ 1 475 m，地形完整性较好。地层岩性弱—微风化灰岩，表层强烈溶蚀风化，为剥离层。初步分析该料场的混凝土粗细骨料、块石料的质量基本满足设计对引水线路所需各种石料的质量技术要求。料场位于渠线附近山坡，距离金沙江边公路约200 m，有现成的道路直达料场边，运输条件便利。开采不受地下水的影响，边坡基本稳定，开采条件较好。

4. 天然砂料场

本工程用砂沿渠线选择金沙江边的和落庄砂砾料场、太极砂砾料场、柏树坪砂砾料场和金江街砂砾料场等规模较大的天然采砂场购买供应，上述料场目前为民间正在开采使用的砂料场。经调查，其质量储量均可满足渠道工程用砂要求。

5. 弃渣场布置

工程拟设置21个弃渣场，在每个渣场堆渣规划时，表层土与原状密实土分区堆放，利于后期水保复耕取土。

综上可见，工程总体特点是线路长、建筑物种类多、工程地质条件复杂。期间还存在部分库区移民搬迁安置遗留问题，故施工条件和环境亦呈现复杂多变的特点。该工程是典型的线性工程，本文就施工企业最为关注的施工成本与进度控制作为研究内容，利用线性工程管理的一般理论和方法，探讨施工成本和进度控制方法和手段，以供类似工程参考借鉴。

4.2.4　本工程线性管理实施的重难点

引水工程是典型的线性工程，龙开口电站水资源综合利用一期工程由于跨越地域远（65.7 km），施工战线较长，对于整体项目的管理存在很大的难度，尤其以征地与当地农民的协调问题，严重影响了施工进度。根据前文对龙开口电站引水工程的概况介绍，本次工程永久征收土地范围包括引水渠道、明渠、隧洞、暗涵、渡槽、倒虹吸、明管、泵站用地、调蓄水池、永久道路、石质弃渣场、管理所等工程建设用地和运行管理用地范围。工程征地范围依据设计确定的建筑物占地和管理范围确定，工程管理范围为渠道两侧。

4.2.4.1 征地问题的难点

（1）征地范围的确定方法难定。线性引（供）水工程征占地涉及的永久建筑物类型比较多而且复杂，虽然每个建筑物占地面积不大但仍需要按不同建筑物详细进行计算，在计算此类工程的征地范围时相对比较困难，而且对永久征收土地范围及临时占用的土地范围不太容易界定，经常得结合工程实际情况及当地自然、社会经济、占地类型等各种因素进行综合判断，对同样的引水管线，工程占地确定为永久或临时应根据实际情况综合判断。

（2）协调及实物调查工作比较困难。线性引（供）水工程的占地范围往往比较分散，虽然总面积较大，但平均到单位面积上的量相对较少，涉及的行政区划比较多，常会出现跨市、县征地的问题，协调统筹工作比较难，受制因素较多，虽然实物调查工作量较小但却不容易开展。

4.2.4.2 消除难点的方法

（1）严格控制征地范围。严格限定公益性用地范围，提高土地利用率。加强规划，严格管理，尽量减少占地面积；要优先利用荒地、劣地，非农业用地，尽量不用耕地、良田严格履行审批手续，征地的耕地占用税、土地补偿费、安置补助费、取弃土石用地补助费、耕地开垦费、拆迁补助费以及法律、法规规定的其他税费要列入工程投资。

（2）科学适当确定补偿标准与方式。按照现行《土地管理法》规定，我国征用集体土地的补偿费包括土地补偿费、安置补助费以及地上附着物和青苗补偿费等。尽管各地在具体实施中提高了根据土地产值补偿的倍数，但还远未消除低成本征地的不合理状况。因此，要使赔偿基准达到公正，必须综合考虑地类区位、等级供求关系、耕地质量、农民对土地的投入、农产品价格及当地经济发展水平等多方面因素。加大土地流转力度，尝试以土地入股的形式来代替征地补偿，即将征地补偿款作价入股，由被征地者作为股东参与经营，享受经营利润并承担风险。这种做法能在操作层面上付诸实践，不仅可以缓解建设资金的不足，还有利于化解征地补偿上的矛盾，保证农民获得长期稳定的收入来源。

（3）合理分配土地征用补偿收益。土地征用是对集体土地所有权和使用权的永久性转移，农民将永远失去土地的经营权，失去生活的可靠来源和保障。在土地补偿中应考虑这一特殊性，使补偿收益更多地偏向失地农民，并指导他们合理使用这部分收益，用于再就业及改善和提高生活水平。如帮助农民引进先进的农业科学技术等，还可进行乡镇企业建设，为失地农民提供更多的就业机会。

（4）完善征地法律法规。尽快出台土地征用方面适用性强、操作性强的法律法规，建立起以法律机制和经济机制为纽带的土地征用制度加强项目专项资金的管理，规范征地资金的拨付及使用程序。

4.3　工程进度管理

工程进度保证措施在《施工组织设计》中将有详细的描述。除此之外，尚应注意以下两方面对工程进度的影响：

（1）土地征用者与被征用者之间的协商谈判。这一过程在工程途经的一些村庄可能很顺利，工程施工进度不受影响，但在个别村庄，由于不同土地被征用者的利益诉求不同，经常导致协商谈判过程异常艰难，甚至久拖不决，从而使工程施工进度受到严重影响。对此，土地征用者一方面应在政策、法律框架范围内积极协调解决问题。另一方面，也应重视思想动员、宣传教育工作的重要性。通过思想动员和宣传教育工作，应使工程沿线老百姓理解水利工程是一项利国利民、惠及子孙后代的公益性工程，应使其树立“舍小家、顾大家”的顾全大局意识，只有得到老百姓的理解和支持，才能为工程建设扫清障碍，使工程的施工得以顺利开展。

（2）施工规划中的营地布置。由于诸如各种仓库、生活区、办公区、混凝土拌合站、加工厂棚等设施都会紧随营地而布置，因此，营地布置的合理与否将直接对工程施工进度造成很大影响。对此，应在充分掌握设计文件并经过实地踏勘的基础上，合理布置营地。本工程的营地和混凝土拌合站的布置如表 4-1、4-2 所示。

表 4-1　项目主要管理营区规划

营地名称	位置（桩号）	占地面积（m^2）	工作职责	管控范围（桩号）	管控项目	其他	备注
1#营地	14+200	7 420（含拌合站）	工程进度、质量、安全等管理	0+000.00 ~ 23+414.586	1 ~ 17#明渠、1#暗涵、1 ~ 5#隧洞、1 ~ 5#渡槽、1 ~ 5#倒虹吸、1 ~ 3#泵站	管理人员宿舍、布置有1#拌合站，设备停放，建筑材料的堆放及存储	一工区
2#营地	34+100	7 330（含拌合站）	工程进度、质量、安全等管理	23+414.58 ~ 37+066.648	18 ~ 22#明渠、6 ~ 10#隧洞、6 ~ 7#渡槽、6 ~ 7#倒虹吸、4 ~ 5#泵站	管理人员宿舍、布置有2#拌合站，设备停放，建筑材料的堆放，金属结构构件加工及成品存放	二工区
3#营地	49+000	6 667	工程行政、经验、合同、进度、质量、安全、物资等管理	37+066.64 ~ 65+700.000	23 ~ 40#明渠、11 ~ 15#隧洞、8 ~ 10#渡槽、8 ~ 16#倒虹吸、6 ~ 13#泵站	主办公区，管理人员宿舍，电气设备存放，其他日常消耗材料存放	三工区（项目部）

表 4-2　混凝土拌合站规划

拌合站名称	位置（桩号）	占地面积（m^2）	混凝土供应量（m^3）	供应范围（桩号）	管控范围
1#混凝土拌和站	14+200	3 757	76 949	0+000.00 ~ 23+414.586	1 ~ 17#明渠、1#暗涵、1 ~ 5#隧洞、1 ~ 5#渡槽、1 ~ 5#倒虹吸、1 ~ 3#泵站
2#混凝土拌和站	34+100	3 240	40 956	23+414.586 ~ 37+066.648	18 ~ 22#明渠、6 ~ 10#隧洞、6 ~ 7#渡槽、6 ~ 7#倒虹吸、4 ~ 5#泵站
3#混凝土拌和站	56+300	3 695	61 358	37+066.648 ~ 65+700.000	23 ~ 40#明渠、11 ~ 15#隧洞、8 ~ 10#渡槽、8 ~ 16#倒虹吸、6 ~ 13#泵站

4.4　施工成本管理

加强施工直接成本的控制，是施工企业成本管理的重要内容。根据前期策划要求，龙开口水电站水资源综合利用一期工程施工总工期 761 个月，计划开工日期为 2013 年 9 月 30 日，完工日期为 2015 年 12 月 31 日。施工进度计划可分为总进度计划、单项工程施工进度计划、分部分项工程施工进度计划，由粗到细构成施工进度管理的全过程。考虑到线性工程的特点，施工组织方式一般采用平行施工，多个施工段同时开工，这种施工方式由于施工面广，一次投入的人、料、机较多，管理难度增加，资源投入量大。施工过程中有必要创新管理手段和管理技术，进行科学、高效的管理，确保工程按质、按量、安全地如期完工。本工程资源消耗量大，投资大，建设周期长，综合性强。建设项目耗时最长、耗资最大的阶段当属项目的实施阶段，这一阶段将项目投资转化为工程实体。在施工阶段主要是以设计预算为依据，以建设工程承包合同为目标的投资分析，在这一阶段工程成本失控将导致工程项目在实施过程中无法顺利进行，甚至会使施工企业出现亏损。从施工成本控制的角度，分析影响成本的控制性因素，寻求合理、科学的成本控制方法，做到精细化管理，力求施工利润最大化。

4.4.1　工程项目实施阶段成本控制的影响因素

1）招投标对实施阶段造价控制的影响

建设项目在招投标阶段会得出最终的中标价格，并以此为根据确定出合同价格。倘若在招投标的过程中出现错误就会影响中标价格的准确性，会导致在控制造价时无章可循，工程造价很难被控制。

2）合同签订与管理对实施阶段造价控制的影响

对造价进行控制是为了使建设项目的最终造价尽可能接近事先确定的合同价，这就必须依据所签订的合同中的具体条款来进行。除此之外还要严格管理签证和变更、工程索赔和工程量等。如果在这个环节出了差错，工程造价也会很难控制。

3）材料管理对实施阶段造价控制的影响

材料费用大约占安装工程费用的一半以上，而合同价和中标价主要又是由材料价格组成，材料价格的高低直接影响建设项目的最终造价。因此材料价格控制不好，工程造价必定无法控制。

4）竣工结算审核对实施阶段造价控制的影响

建设项目实施阶段造价控制的最后一项工作就是对工程结算的审核工作。如果对工程结算的审核不严格，工程结算价格很难准确，则之前对工程造价的控制工作将会毫无意义。

4.4.2 成本控制的方法与措施

（1）项目部拟将根据周边市场环境和实际情况，在施工期对项目工程进行各阶段性的精细策划，制定出最经济合理、行之有效的施工技术方案，优化资源配置，抓进度、质量、安全管理，加强与工程各方沟通协调，尽可能努力缩短施工期，以减少现场管理费支出和降低固定成本摊销费。

（2）项目部拟将从出包结算单价、分包工程计量及材料管理方面进行严格控制管理。对项目实施所需各类材料、配件按定额和实际消耗水平做出较准确的测定，从数量、质量、采购价格等环节上加以严格控制和考核。

（3）加强合同管理工作，仔细研读合同条款，正确理解合同条款的含义。拟将经常组织相关职能部门学习研究合同条款，提高合同管理的全员意识，明确相关责任，施工管理过程中及时寻找和发现变更、索赔机会。并把相关事件发生的时间、地点和工程部位及边界条件等情况描述、记录准确。建立相应的跟踪管理台账制度，积极争取尽可得到各方的现场确认，并在合同条款规定时间内及时报给监理工程师予以确认、签证，通过加强与业主、设计、监理之间的沟通，力争把相关变更、索赔项目费用问题在过程中得到及时合理的解决。

（4）项目部在今后施工过程中，应加强职能部门间的相互联系和信息沟通，特别是生产、技术和经营部门，必须保持信息沟通渠道的畅通。结合现场实际努力与业主、设计、监理进行沟通交流，尽可能争取把合同中于我方不利的部分工程项目，特别是投标过程中单价偏低的项目，提出合理优化的变更设计方案和建议，取代原设计方案，从工程施工、技术的角度尽力减少或合理规避相应的合同经营风险。

（5）结合项目实施阶段，生产经营管理过程中的实际变动因素，对本策划书及时进行切合实际的细化、补充、调整等修订工作，为项目全面预算管理工作奠定基础。使项目前期策划在实际施工过程中，对生产经营成本确实起到实质性的指导和控制作用。

4.5　施工质量管理

项目质量管理与控制是影响项目实施进度的一个重要因素，因为本项目是小洞径、长引水隧洞，在实施过程中如果出现质量缺陷和事故，产生的后期补救将非常困难，将直接影响整个项目的进度。质量管理应先明确质量目标，制定完善的质量管理制度，划分质量责任，在管理上做到明确质量责任，并进行质量跟踪与评定。同时，要制定完善的质量保障措施和补救措施，在实施过程中严格监督，发现问题及时整改，把质量问题对项目进度带来的影响降至最低。

4.5.1　施工质量控制

4.5.1.1　质量控制的管理目标、方针与原则

本工程质量管理目标是所有单元工程全部合格，并把优良率控制在85%以上，重要隐蔽工程和关键部位单元工程质量优良率达 95%以上；分部工程质量全部合格，其中 70%以上达到优良等级，主要分部工程质量全部优良，外观质量得分率达到 85%以上，把本工程建设为优质工程。质量管理方针是科学管理，精心施工，过程受控，顾客满意，持续改进，质量一流。质量管理原则是预防为主，防检结合，坚决纠正，一票否决。

4.5.1.2　建立质量控制体系

为确保本工程达到优质工程，建立完善的质量保证体系及奖惩制度，并严格实施。以公司总体的质量管理保证体系、结合本工程建立适合本工程的质量监督、控制体系，根据设计文件、质量监督规范、各级工程验收（单元、分部、分项、合同工程）等质量记录等进行全过程控制。具体质量控制体系如图 4-1 所示。

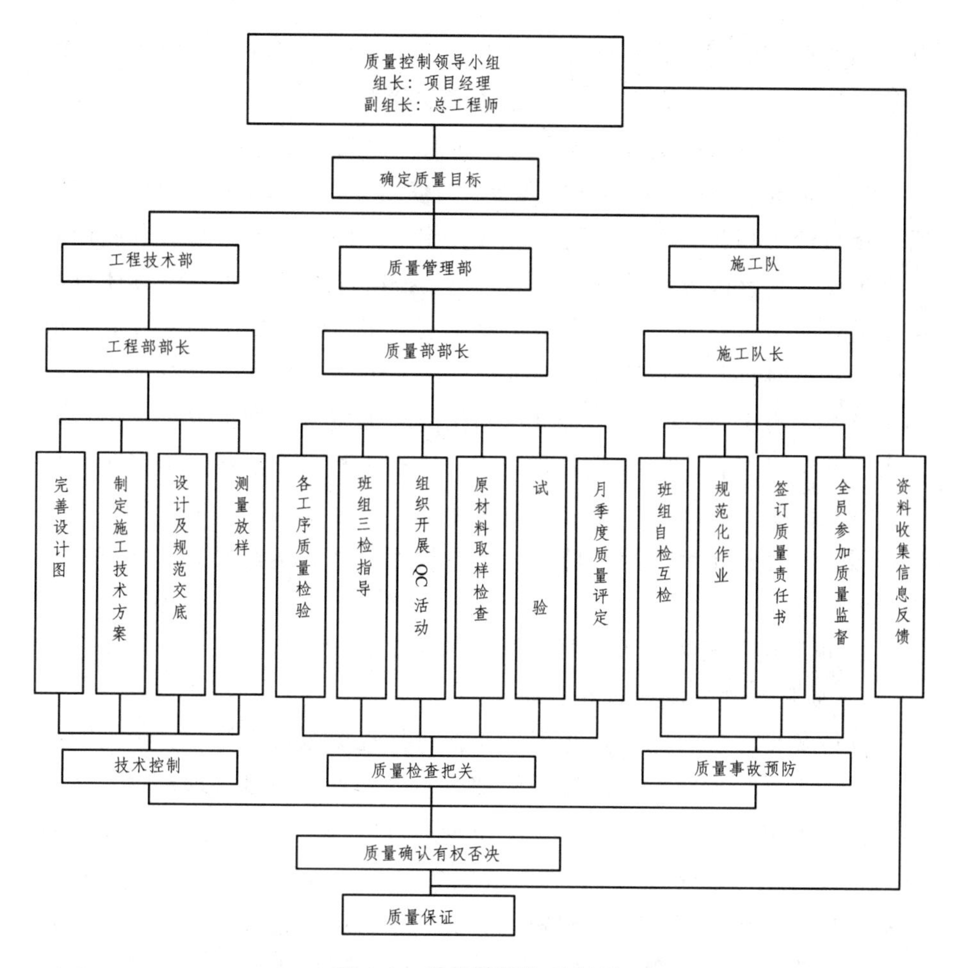

图 4-1 质量管理体系框图

4.5.1.3 质量控制责任制度

1. 项目部领导质量管理责任

项目经理的质量管理责任：① 领导质量管理领导小组，对质量管理部门编制的质量控制方案进行敲定、签发、并监督质检部门的工作进展情况，对工程质量负第一责任、且为终身责任；② 建立质量领导小组，并担任组长，根据相关规定确定质量管理领导小组其他成员，并把责任落实到人头；③ 确定质量管理的奖惩制度，审批处罚方案、金额，审批奖励体质、奖励方案及奖励金额；④ 定期组织召开质量监督会议，及时掌握整个项目的质量管理情况，对未达到质量管理目标部位的整改方案进行审批，并组织专人跟踪；⑤ 组织或交代专人进行质量评审工作，参与业主、监理组织的质量验收会议，确保质检工作无死角。

技术负责人（总工程师）的质量管理责任：① 直接对项目经理负责，听从项目经理指挥，在执行设计文件、制定的施工技术方案上对质量问题提出要求和整改方案，重大技术问题上报项目经理审批；② 具体负责以获监理单位审批的《施工方案》落实实施工作，在施工技术方面对项目负责，及时进行合同外签证、质量监督工作；③ 负责工程技术文件的确定及上报有关部门工作，对重点部位的施工质量、施工方法提出技术要求，并负责监督；④ 加强日常管理，在施工技术上监督各施工队伍是否按制定的施工方案进行施工，是否对施工质量有影响；⑤ 及时向项目经理报告工程技术部、质量监督部的质量管理体系落实情况，有需要时提出整改意见。

2. 项目各管理部门及各施工队伍的质量管理责任

1）质量管理部质量管理责任

具体负责本工程的质量管理工作，包括现场原材料检测、中间产品抽检等。负责编制本工程的质量管理体系，并上报项目经理审批，经审批合格后严格按照管理体系对施工质量进行监督。在监督过程中发现质量问题及时进行整改与纠错，在整改完之间监督部允许下一道工序施工，避免质量缺陷带来的反攻等问题。负责工程施工全过程的质检资料编制与存档工作，直至工程竣工验收。负责日常施工中得原材料进场是的检测工作，负责中间产品抽检取样工作，对此两项工作负有直接责任，没有负责检测造成的施工质量问题负有责任。

2）工程技术部的主要责任

在技术负责人的领导下，对施工技术负责，对因施工技术不当造成的质量问题负有直接责任。负责编制施工方案及作业指导书等指导施工的技术性文件，在编制过程中必须充分考虑其合理性与实施性，确保施工方案符合设计要求及满足各项规定、规范要求，施工方案满足施工质量要求，并监督施工指导性文件的实施，发现因施工技术使用不当造成质量隐患时，及时提出整改方案，并监督实施。

3）机械调度室质量管理责任

负责机械设备的采购、租赁、统一调度工作。在采购设备过程中要确保设备是合格产品、满足工程需要产品，不盲目购买设备，不购买有质量缺陷设备。在设备租赁过程中有对设备性能、是否满足施工强度等情况进行确认，并确保租赁设备的完好率。在统一调度过程中，按工程需要合理分配设备，避免在设备移动过程中造成损坏，监督日常设备保养，发现无法满足施工要求和质量要求的设备及时进行更换。

4）综合物资部质量管理责任

负责工程所需物资采购工作，工程物资的质量合格与否直接影响施工质量。要根据原材料检测规范，对需要采购的原材料进行严格把关，要对厂家的产品合格证书、生产许可证进行审查并搜集上报至监理单位备案，对进场的原材料及时联系相关部门进行检测，并上报监理单位备案，如有不合格产品，立即进行退货或更换处理。做好已进场材料的保管工作，防止材料变质、损坏，防止已损坏的材料用于施工建设。

5）测量队质量管理责任

测量队归工程技术部直接领导，在每一道工序施工前，提前做好放样工作，要确保放样工作的准确性。特别是在洞挖爆破工序进行前，要对洞轴线进行准确放样，洞挖结束后对断面进行复测，发现欠挖时及时通知施工队进行二次处理，避免返工造成的工期延误等问题。

6）试验室质量管理责任

试验室归属质量管理部直接领导。试验室要对物资部采购的施工原材料及时进行质量检测，如发现质量问题及时通报质量管理部。对施工队送检的混凝土试块等中间产品，根据质量规范，严格进行试验，发现问题及时上报。负责出具施工过程中产生的试验报告等资料，并搜集保持至竣工验收。

7）施工队质量管理责任

各施工队负责具体施工，施工队队长为施工质量第一负责人。因施工态度、施工方法等直接影响施工质量，施工队长要做好施工交底与施工监督工作，要让参建的每一个工人充分了解施工质量的重要性，要让每个人了解施工方法与施工工艺，做好提前量，避免因不负责任、不了解情况施工造成的质量缺陷。施工队长要监督施工过程，如果发现不能满足质量要求的施工方案时及时上报工程技术部。

4.5.2　质量管理措施

4.5.2.1　原材料、中间产品、金属结构的检测、试验

1. 原材料

水泥：从生产厂家运送至施工现场的每一批次水泥，按批次厂家应提供生产合格证和检测报告，现场试验机构要对进场水泥进行抽检，抽检频率为 200 ~ 300 t 为一个检测数量，当一批次不足 200 t 时，视为 200 t 进行检测，检测合格后再投入使用。本工程现场使用水泥均为袋装水泥，储存超过 3 个月时，在使用前需要进行试验，在预计到水泥需要长时间储存时要做好防水措施，还要做好水泥翻转掉头，以防止长时间放置造成的水泥结块、凝固。

外加剂：外加剂生产厂家必须具备生产合格证，出厂产品要有试验报告，要选择与配合比试验相同的外加剂进行参合，如要更换外加剂时必须重新进行配合比试验。外加剂进场时要进行现场试验，试验频率为每批次 10 ~ 20 t，当一批次不足 10 t 时，应按 10 t 以上考虑，外加剂使用时要严格按照配合比试验进行，现场要有计量工具，质量监督部跟踪监督外加剂参量等使用情况。

细骨料检验：混凝土及喷锚用细骨料要进行出场检测，生产厂家要提供生产合格证与试验报告，不合格产品要坚决不使用。混凝土细骨料要检测其细度模数，含石灰量、含泥量、含泥块量及颗粒级配，在雨季进行施工时在混凝土拌和前要检测细骨料的含水率，以便调整混凝土拌合物的坍落度，防止掺水过多或过少造成混凝土强度达不到标准，发生质量事故。

粗骨料检验：混凝土用粗骨料要进行出场检测，生产厂家要提供生产合格证与试验报告，不合格产品要坚决不使用。混凝土用粗骨料要进行超径、逊径、含泥量、含泥块、强度等进行试验，进场后保存时要避免其他物质、雨水、泥沙等进入骨料堆，有泥沙混入的骨料要进行冲洗

及重新试验后方可使用。

水：地表水地下水在使用前需要到相关部门进行矿物质检测，要检测其硫化物、氯化物、微生物及可能影响混凝土质量的物质进行含量检测，如果上述物质含量超标时应及时调整配合比，如无法调整配合比时应立即寻找新水源，待检测合格后再进行混凝土拌和。混凝土养护时，混凝土的初凝时间与终凝时间不得多于设计值和规范规定值的30分钟，如超过该值需要调整配合比，在调成配合比后还没有改观，就要进行使用水的更换。

2. 中间产品

混凝土拌合物：在混凝土拌和过程中要对掺入的各种骨料及外加剂进行称量，在检测时要对称重设备进行及时检验，若发现偏差大要及时进行调整。要对每次出仓的混凝土拌合物坍落度进行检测，检测频率为2～4 h一次，要对拌合物温度进行检测，检测频率为1～2 h一次，以确定入仓时间及振捣时间。

混凝土抗压强度：非大体积混凝土28 d龄期每100 m^3成形一组。抗冻、抗渗试验非大体积混凝土每100组抗压试块中，随机抽取5～8组进行试验，在抽检过程中质量监督部要配合监理单位平行检测，随机抽取样品试块。

3. 钢筋

钢筋出厂时厂家应提供生产许可证以及本批钢筋的试验合格证书，试验室收到后存档并上报复印件至监理部存档。质量检测部应在到场钢筋中随机抽取钢筋进行冷拉试验、弯曲试验等试验，在同一批次钢筋中若小于50 t，随机抽取5 组进行试验，若大于50 t时，按50 t为一个单位进行分组试验，在钢筋取样过程中不得在一段钢筋上截取若干组进行不同试验，应在不同的钢筋上截取试验样品。

进场钢筋的物理性能及机械性能应满足以下要求：① 在截取钢筋进行试验时不能直接截取，需要在截取端现行截掉一部分（至少50 cm），直接截取做出的试验结果视为不合格试验。② 钢筋试验需要做三项试验，即弯曲度、拉长度、抗扭度，以上三种试验若有一项不合格，说明该钢筋物理性能不合格。③ 对于做试验不合格的钢筋批次，需随机选取相同数量的钢筋再进行试验，试验过程中若再发现不合格，整批次钢筋应视为不合格产品，需要立即进行更换或退货。④ 在钢筋保存过程中，需要进行防雨、防潮等工作，要搭设钢筋储存棚，保持仓库内通风，保持地面干爽。⑤ 若腐蚀现象严重需要进行除锈，再进行物理性能测试，合格后再投入使用。

4.5.2.2　项目质量检查验收程序

施工质量检查验收程序是指使该工程项目整个生产过程每道工序处于受控状态，以使工程整理符合合同及设计规定和竣工验收规范文件，质量检测验收程序由总工程师领导，工程技术部和质量管理部负责实施。施工中还应遵守业主单位制定的施工测量、质量控制、竣工验收等管理办法和管理规定。质量检查验收程序如图 4-2 所示。

4.5.3　质量缺陷补救措施

4.5.3.1　质量缺陷及产生原因

（1）洞挖轴线偏差、超挖、欠挖产生的原因是：测量放样不准，导致洞挖爆破钻孔时光爆面偏离洞轴线；光面爆破时钻孔方向有问题、装药量过大、没有进行地质超前勘探，导致爆破后开挖和清理浮石时产生超挖；测量放样不准确，放样断面小于设计断面，爆破孔钻孔时向内倾斜，孔内装药量未达到爆破设计要求，导致隧洞开挖欠挖现象。

（2）混凝土产生孔洞、蜂窝、麻面的原因是：振捣不及时、振捣时间不够；混凝土拌合物运输时间过长或没有及时入仓，造成混凝土砂浆初凝；混凝土模板链接不密实，没有做到防止漏浆，导致砂浆随模板裂隙外流；模板表层清理没有达到规范要求，脱模剂质量不合格等原因导致浇筑混凝土后拆模时发生乳皮脱落现象。

（3）混凝土结构发生裂缝变形产生的原因：钢筋绑扎不牢固，入仓、平仓振捣时钢筋发生位移，影响混凝土强度；拆模时方法不当，拆模力度过大，导致混凝土表层裂痕；两次混凝土浇筑时，等待时间过长，上一层已经初凝后进行的这一层浇筑，导致施工冷缝产生；冬季施工时，保温棚没有渐渐拆除，一次性拆除保温棚内外温度差异过大，导致混凝土冻裂；混凝土养生没有达到设计龄期或养生方法不当，直接导致混凝土强度下降，产生裂缝；混凝土原材料、添加剂不合格，使混凝土强度达不到设计要求；设计文件有误差，某部位混凝土强度没有满足施工要求及使用要求。

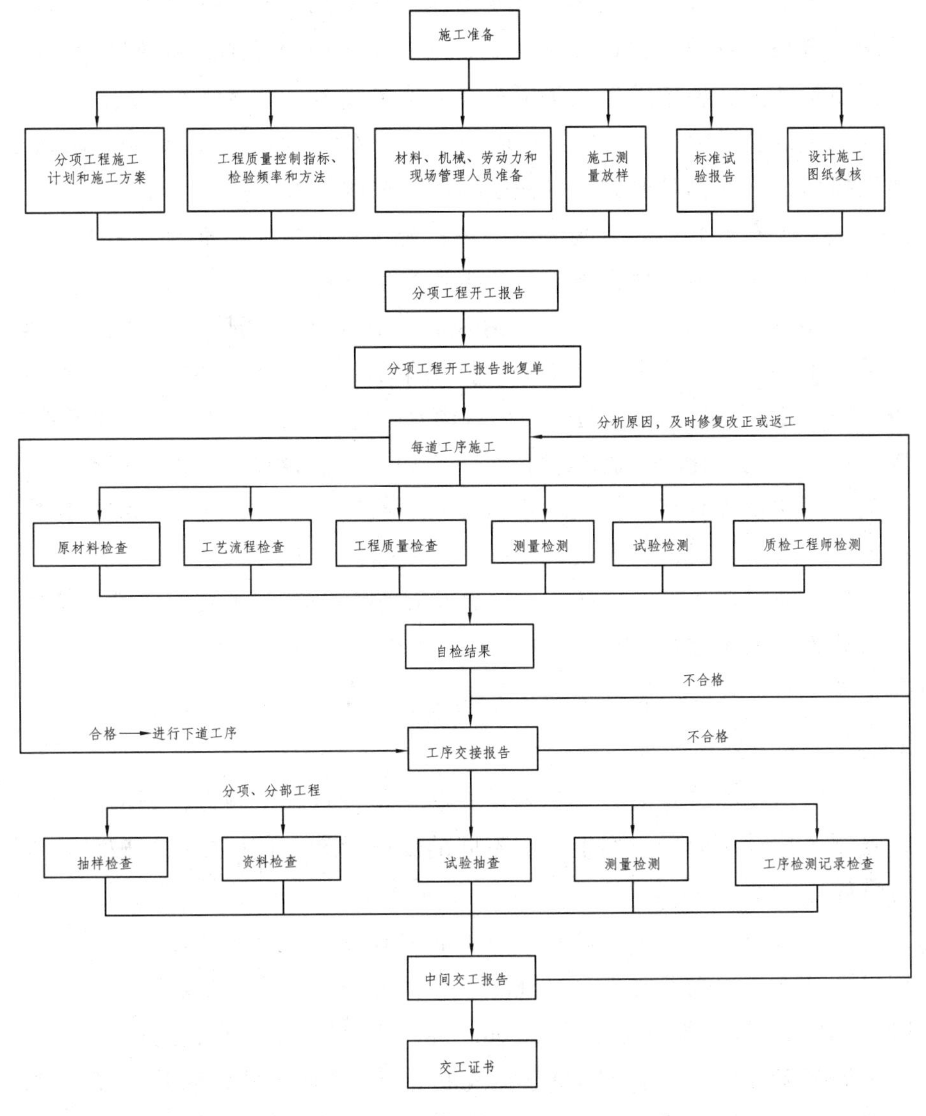

图 4-2　质量检查验收程序

（4）隧洞格栅拱架制作安装不合格产生原因：没有按照施工图纸进行格栅拱架制作，导致格栅拱架尺寸与设计图纸不符；安装拱架和托梁主筋时未按照图纸要求进行焊接，导致格栅拱架支撑力达不到设计要求，产生超挖时没有及时调整格栅拱架尺寸。

（5）混凝土喷锚厚度不足产生原因：喷锚用沙石含泥量大、外加剂质量不合格，导致喷锚回弹量增大；施工工艺原因导致的超挖量大，喷锚回填量增大，各施工作业队伍为降低施工成本，喷锚厚度不足。

（6）钢筋锈蚀产生原因：钢筋现场保管不力，没有做好防水、防晒、防潮措施，导致钢筋腐蚀产生铁锈，产生铁锈后未进行除锈处理。

（7）土石方开挖产生超欠挖原因：施工测量放样不准确、施工机械操作人员操作不当、地质条件差，导致产生土石方超挖或欠挖。

上述质量通病集中起来可归纳以下几个方面：设计因素，如格栅拱架设计不合理，没有考虑超挖时格栅拱架的加大方案；环境因素，如冬季上冻、春季开化、岩石裂隙大伴有渗水，地质构造与原设计文件不符，围岩情况发生变化等；施工材料因素，如混凝土骨料、水泥、钢筋、外加剂出厂质量不合格，钢筋、水泥保管不当产生氧化、固结，配合比执行不当；人为因素，如测量人员放样不准确，施工人员责任心不强等。

质量缺陷产生后，对于安全生产、缺陷处理都带来较大困难，且影响后续施工工序进行，故在施工过程中应做到事前控制和事后及时补救，尽量减少质量缺陷产生几率，以免影响施工的连续性。

4.5.3.2　质量缺陷处理方法

（1）加强测量管理，做到测量准确无误，对施工测量控制网定期进行复测，针对不同岩石类别制定不同的爆破设计，严格按照爆破设计进行爆破。

（2）当混凝土产生蜂窝麻面时把麻面表层进行凿毛处理，待混凝土露出新鲜骨料和钢筋时再进行浇筑与抹面处理；当蜂窝与麻面较薄凿毛时，多凿出混凝土厚度应达到 10 cm，再进行浇筑处理；当钢筋裸露严重，或主筋损坏时，应凿除该部位已浇筑混凝土，重新绑扎钢筋并进行浇筑；混凝土出现结构裂缝时，要论证该裂缝是否影响混凝土整体结构稳定及使用寿命，若有影响必须拆除重新浇筑。

（3）对施工人员加强宣传教育，提升施工人员的责任心，及时对施工质量情况进行跟踪，掌握施工质量目标实施情况。

（4）做好地质超前勘探工作，及时掌握岩石条件变化情况，并与监理单位及设计单位进行沟通，提前确定格栅拱架尺寸，及时调整格栅拱架，根据不同岩石条件和洞型选择不同尺寸的格栅拱架，及时进行支护，控制超挖现象产生。

（5）做好原材料检测、保管工作，对于不合格原材料进行返厂或拒收，对于已进场的原材料（如钢筋、混凝土骨料等）做好通风、防潮工作。

4.6 线性工程安全管理

本工程从隧洞安全管理制度、爆破安全管理、不良地质洞段处理、事故处理等方面来重点来介绍引水隧洞施工安全管理。

4.6.1 建立健全安全管理制度

作为建设方，应在工程建设中成立以项目法人为第一责任人的安全管理组织机构，明确各部门的职责分工及相关责任人，对各标段实行包片领导负责制，始终坚持“管生产必须管安全”的原则，分配专业技术人员长期驻守工程一线进行现场安全管理，按照“一切围绕工程建设、零距离服务、零干扰施工”的工作方法确保工程建设的顺利推进。

制定详细的安全管理制度，包括安全教育培训制度、安全巡查及隐患排查制度、应急预案及事故处理报送制度等，并与各标段参建单位签订安全生产责任书、防汛安全责任书等，层层落实安全生产责任，增强全体参建人员的安全责任意识。同时，成立考核领导小组对各标段实施阶段性的考核测评，主要从现场管理、资料管理两方面进行考核，对综合得分第一的单位授予流动红旗以示表彰，对排名垫底的单位予以通报批评，做到奖罚分明。

在日常管理中，坚持“以人为本，教育为先，管理从严”的方针，每月定期组织监理、施工单位对所承建标段施工现场实施安全检查，及时排查安全隐患，把隐患扼杀在萌芽中，做到防患于未然，为实现安全管理“零事故”的目标打下坚实的基础。

4.6.2　爆破安全管理

爆破安全管理是引水隧洞施工安全管理中最重要的一个环节，涉及爆破人员资质、爆破物品管理、工序施工安全等方面，施工中必须严格遵守《爆破安全规程》。

（1）爆破人员资质管理。爆破作业人员必须经相关部门培训考核合格后持证上岗，在具体的炸药、雷管运输、装药、起爆、盲炮处理等工序中要严格遵守安全规程和操作细则。

（2）爆破物品存放、领取。爆破物品的管理必须严格按照《中华人民共和国民用爆炸物品管理条例》的相关规定执行，对入库出库的爆破物品进行详细登记，建立爆破物品出入库登记台账，规范爆破物品的管理。

（3）钻爆工序安全管理。本工程中隧洞开挖采用钻爆法施工。① 施工单位应当根据围岩特点编制爆破开挖方案，确定炮孔的布置、装药量、起爆次序等参数，主要工序包括布孔、钻孔、装药、起爆、出渣等。② 孔作业人员在开始钻孔前应检查工作面是否处于安全状态，支护是否牢固可靠，围岩是否稳定。洞内电线与导爆索应分开布设，禁止布设在洞内同一侧，起爆器由专人看管，不得随意放置在洞内。③ 起爆时，由专门人员吹哨警示，待全部人员撤到爆破安全距离后再进行起爆。爆破后必须进行 15 min 的通风排烟，专职安全员进入检查工作面，看是否存在盲炮、残留炸药，顶拱及边墙有无松动石块，是否存在突泥突水现象，待安全处理确认无误后其他人员再进入工作面。④ 出渣工作完成后必须立即进行初期支护，确保下一循环施工前掌子面附近封闭施工，并检查钢拱架是否焊接牢固，锚杆施工、喷射混凝土是否符合规范及图纸要求等，若发现支护变形或损坏时，应立即进行修整加固。

4.6.3　隧洞门禁系统管理

在隧洞门禁系统管理方面，我们要求施工单位在隧洞各工区洞口处设置洞口值班室，安排专门的值班人员在洞口进行 24 h 值班，对进出洞施工人员实行“翻牌制度”，对进出隧洞的人员、炸药、雷管等登记造册，形成台账，严格履行进出洞登记手续，实时关注洞内人员工作情况。对不符合安全要求的人员、车辆、设备等，禁止进入隧洞。

为加强洞内外的联络，在值班室安装了联系电话，配备了视频监控系统，在隧洞洞口及靠近掌子面处各设置一个高清摄像头，实时监控隧洞内人员车辆数量、进出隧洞的时间、洞内地质状况等，及时掌握隧洞掌子面的安全生产情况。

在进行装药、爆破等危险性较大的工序时，严禁无关人员进洞。当隧洞内发生事故时，门禁系统能为迅速采取救援措施、减少人员伤亡提供可靠的技术支撑，提高隧洞施工安全管理水平。

4.6.4 事故处理

施工单位现场专职安全员要时刻检查隧洞内的安全生产情况，发现有危及施工人员人身安全的安全隐患要及时组织人员撤离至安全地点，并立即向项目负责人汇报。

在遇到安全事故时，施工单位项目负责人必须及时、如实地向有关部门上报，同时应当采取措施防止事故扩大，保护事故现场，配合事故调查组进行事故调查。为防止事故的重复发生，事故调查分析处理必须切实做到“四不放过”原则，即事故原因未查明不放过、责任人未处理不放过、整改措施未落实不放过、有关人员未受到教育不放过。

本工程在整个施工阶段未发生一起安全事故，主要就是我们在工作中始终本着“安全是天”的原则，紧抓安全生产工作的落实情况，通过不断地完善安全管理制度、强化安全生产意识、加强现场安全管理等措施最终实现了安全工作的有序可控。

5　线性工程管理技术研究

5.1　线性工程

5.1.1　工程概况

龙开口电站水资源综合利用一期工程供水任务为云南省永胜县涛源镇片区农业灌溉供水及人畜饮水。输水干渠取水口位于龙开口水电站大坝左岸，进口底板高程 1 287.5 m，线路沿着金沙江左岸山体布置，最后到达涛源镇镇政府所在片区，线路总长为 65.7 km。沿线由 83 座建筑物组成，其中明渠 40 段，长度共计 43 266.479 8 m，占总长的 65.86%；隧洞 15 条，长度共计 15 613.065 m，占引水系统总长的 23.76%；渡槽 10 座，长度共计 1 739.261 m，占总长的 2.65%；倒虹吸 16 座，长度共计 4 166.262 m，占总长的 6.34%；暗涵 1 座，长 562.148 m，占总长的 0.86%；明管 352.785 m，占总长的 0.53%。本段线路引水设计流量为 0.5 ~ 4.7 m³/s，加大流量为 0.625 ~ 5.875 m³/s，沿线共设 25 个自流灌溉分水口，13 座提水灌溉泵站。

5.1.1.1　水文气象条件

工程位于金沙江河谷区，海拔高程在 1 170 ~ 1 330 m 之间，气候类型属南亚热带低纬度山地季风气候。光热资源丰富，光照充足，年日照时数 1 900 ~ 2 100 h。多年平均气温 20.4 °C，最热月 6 月平均气温 25.5 °C，最冷月 1 月平均气温 12.6 °C，各月平均气温升降不剧烈，冬无严寒，夏无酷暑。降水中等，多年平均降雨量约为 950mm，降雨大多集中在雨季 6 ~ 10 月。

5.1.1.2　工程地质条件

工程区位于青藏高原与云贵高原接壤的斜坡过渡地带，属滇西纵谷山区及滇中红层高原区地貌单元，以冰蚀、侵蚀、剥蚀地貌为主。渠线总体属剥蚀、溶蚀中低山地貌，渠线地形普遍较陡，自然坡度 20° ~ 40°，局部达 60° ~ 70°，局部地形平缓开阔，自然坡度在 20°以下。地表多为第四系松散层覆盖。渠道沿线物理地质现象较发育，主要为冲沟、塌滑、泥石流。

一期工程沿线地表大部分为第四系金沙江高阶地堆积砾石层及残坡积层、洪冲积层，下伏基岩为二叠系上统玄武岩组（$P_2\beta$）玄武岩、二叠系下统（P_1）灰岩夹生物灰岩、石炭系（C）灰岩及鲕状灰岩、泥盆系上统（D_3）硅质岩、泥盆系中统（D_2）灰岩及白云质灰岩。明渠所处山坡地形大多较缓，渠基置于基岩或砂砾卵石层之上，承载力基本满足要求，渠道自然边坡基本稳定—较不稳定。沿线共设隧洞 15 条，长 1 5613.065 m，约占线路总长的 23.76%。据统计Ⅲ类围岩长约 4 631.774 m，约占隧洞全长的 29.68%；Ⅳ类围岩长约 1 994.651 m，约占隧洞全长的 12.76%；Ⅴ类围岩长约 8 986.639 m，约占隧洞全长的 57.56%。渡槽大多跨河或冲沟，沟谷段第四系松散覆盖层厚小于 5 m，渡槽基础为风化基岩或砂卵砾石，承载力基本满足要求，自然边坡基本稳定，地表水、地下水活动对基坑开挖有一定影响。倒虹吸基础为风化基岩或砂卵砾石，承载力基本满足要求，自然边坡稳定，地表水、地下水活动对基坑开挖有一定影响。

5.1.1.3 施工条件

1. 交通条件

龙开口电站水资源综合利用一期工程途经片角、太极、涛源等乡镇地界，引水线路渠首距永胜县 77 km，距昆明 480 km；出口距永胜 67 km，距昆明 408 km。工程附近有祥云至永胜二级公路、县乡公路、乡村公路通过，可作为施工期间各施工点对外交通道路。部分施工点附近有乡村道路，改扩建后可作为施工进场道路；现无公路相连的施工点，需新建施工进场道路。

本工程所有改扩建公路、新建公路均由发包人自行修建，发包人不提供任何改扩建及新建道路交付承包人使用。

2. 水、电及建材供应

工程所需钢材采用昆钢产品，由丽江、永胜当地建材市场采购供应；水泥由当地丽江水泥厂、永胜水泥厂购买供应；木材、油料等向当地相关物资部门购买供应，炸药向当地公安部门购买供应。

本阶段在工程区域内共选取金龙、上干村 2 个石料场，工程所需块石料由石料场开采供应；工程所需碎石骨料由石料场开采原料在石料场附近的碎石料加工系统加工供应。工程所需砂料采用金沙江天然河砂，由沿江的采砂场购买供应。导流围堰土料用量较少，从明挖渣料中选取。施工期生产、生活用水主要抽引金沙江水、沿线山箐水供应，水质水量可满足施工生产生活要求，生活用水需净化处理。供电方式采用永久与临时结合的方式，线路 8 ~ 65.7 km 段施工期间供电线路由沿线 13 个泵站的永久 10 kV 供电线路接引。引水线路前 8 km 段，可自龙开口电站原施工输电线路或乡村电网接引供给。枢纽工程区无线通信信号良好，施工期拟采用无线通信方式。

3. 石料场

金龙石料场位于龙开口电站坝址下游金沙江左岸金龙村北西约 1 km，距离渠道取水口约 19.6 km。料场分布高程约 1 325 ~ 1 475 m，地形完整性较好。地层岩性弱—微风化玄武岩。该料场的混凝土粗细骨料、块石料的质量基本满足设计对引水线路所需各种石料的质量技术要求。料场位于渠线附近，位于山坡高处，交通条件较为便利。开采不受地下水的影响，边坡基本稳定，开采条件较好。

上干村石料场位于龙开口电站坝址下游金沙江左岸上干村北约 1 km，距离渠道取水口约 46.0 km。料场分布高程约 1 325 ~ 1 475 m，地形完整性较好。地层岩性弱—微风化灰岩，表层强烈溶蚀风化，为剥离层。初步分析该料场的混凝土粗细骨料、块石料的质量基本满足设计对引水线路所需各种石料的质量技术要求。料场位于渠线附近山坡，距离金沙江边公路约 200 m，有现成的道路直达料场边，运输条件便利。开采不受地下水的影响，边坡基本稳定，开采条件较好。

4. 天然砂料场

本工程用砂沿渠线选择金沙江边的和落庄砂砾料场、太极砂砾料场、柏树坪砂砾料场和金江街砂砾料场等规模较大的天然采砂场购买供应，上述料场目前为民间正在开采使用的砂料场。经调查，其质量储量均可满足渠道工程用砂要求。

5. 弃渣场布置

工程拟设置 21 个弃渣场，在每个渣场堆渣规划时，表层土与原状密实土分区堆放，利于后期水保复耕取土。

综上可见，工程总体特点是线路长、建筑物种类多、工程地质条件复杂。期间还存在部分库区移民搬迁安置遗留问题，故施工条件和环境亦呈现复杂多变的特点。该工程是典型的线性工程，本文就施工企业最为关注的施工成本与进度控制作为研究内容，利用线性工程管理的一般理论和方法，探讨施工成本和进度控制方法和手段，以供类似工程参考借鉴。

5.1.2　施工成本管理

施工成本由直接成本、间接成本、利润和税金组成，施工直接成本主要由人、料、机构成。分部分项工程投入的人力资源和机械决定于施工工艺特点、工序、工程量大小及工作面。线性工程中的材料供应有集中供应和分散供应两种方式。仓库、营房、弃渣场、砂石料场布置与运输成本紧密相关。施工用电以永久用电和临时用电两种方式相结合，其成本主要由输、变电设备及输电线路距离控制。加强施工直接成本的控制，是施工企业成本管理的重要内容。

5.1.3　现场施工管理

根据相关文件要求，龙开口水电站水资源综合利用一期工程施工总工期 761 个月，计划开工日期为 2013 年 9 月 30 日，完工日期为 2015 年 10 月 31 日。施工进度计划可分为总进度计划、单项工程施工进度计划、分部分项工程施工进度计划，由粗到细构成施工进度管理的全过程。考虑到线性工程的特点，施工组织方式一般采用平行施工，多个施工段同时开工，这种施工方式由于施工面广，一次投入的人、料、机较多，管理难度增加，资源投入量大。施工过程中有必要创新管理手段和管理技术，进行科学、高效的管理，确保工程按质、按量、安全地如期完工。

5.2　施工成本控制

本工程资源消耗量大，投资大，建设周期长，综合性强。建设项目耗时最长、耗资最大的阶段当属项目的实施阶段，这一阶段将项目投资转化为工程实体。在施工阶段主要是以设计预算为依据，以建设工程承包合同为目标的投资分析，在这一阶段工程成本失控将导致工程项目在实施过程中无法顺利进行，甚至会使施工企业出现亏损。本文试图从施工成本控制的角度，分析影响成本的控制性因素，寻求合理、科学的成本控制方法，做到精细化管理，力求施工利润最大化。

5.2.1　工程项目实施阶段成本控制的影响因素

1. 招投标对实施阶段造价控制的影响

建设项目在招投标阶段会得出最终的中标价格，并以此为根据确定出合同价格。倘若在招投标的过程中出现错误就会影响中标价格的准确性，会导致在控制造价时无章可循，工程造价很难被控制。

2. 合同签订与管理对实施阶段造价控制的影响

对造价进行控制是为了使建设项目的最终造价尽可能接近事先确定的合同价，这就必须依据所签订的合同中的具体条款来进行。除此之外还要严格管理签证和变更、工程索赔和工程量等。如果在这个环节出了差错，工程造价也会很难控制。

3. 材料管理对实施阶段造价控制的影响

材料费用大约占安装工程费用的一半以上，而合同价和中标价主要又是由材料价格组成，材料价格的高低直接影响建设项目的最终造价。因此材料价格控制不好，工程造价必定无法控制。

4. 竣工结算审核对实施阶段造价控制的影响

建设项目实施阶段造价控制的最后一项工作就是对工程结算的审核工作。如果对工程结算的审核不严格，工程结算价格很难准确，则之前对工程造价的控制工作将会毫无意义。

5.2.2　基于 ABC 分类法的线性工程施工管理研究

ABC 分类法又称帕雷托分析法，也叫主次因素分析法，是项目管理中常用的一种方法。它是根据事物在技术或经济方面的主要特征，进行分类排队，分清重点和一般，从而有区别地确定管理方式的一种分析方法。下面将应用 ABC 分类法研究线性工程沿线所有建筑物及各类建筑物施工管理的重点内容，并对施工管理方式提出相应建议，从而使施工管理更加高效和科学。

1. 沿线建筑物施工管理

如工程概述所示，结合工程招投标文件和施工合同，本工程沿线所有建筑物种类、里程、造价及里程百分数、造价百分数等统计指标见表 5-1。

表 5-1 建筑物里程、造价统计指标

序号	建筑物种类	数量	里程（m）	里程百分数	累计里程百分数	造价（百万元）	造价百分数	累计造价百分数	类别
1	隧洞	15	15 613.065	23.76%	23.76%	122.920 574	45.6%	45.6%	A
2	明渠	40	43 266.4798	65.86%	89.62%	88.725 83	32.9%	78.5%	A
3	倒虹吸	16	4 166.262	6.34%	95.96%	22.283 271	8.3%	86.8%	B
4	渡槽	10	1 739.261	2.65%	98.61%	18.360 486	6.8%	93.6%	B
5	暗涵	1	562.148	0.86%	99.47%	5.620 764	2.1%	95.7%	C
6	明管	1	352.785	0.53%	100%				C
7	泵站	13				4.480 474	1.67%	97.4%	C
8	永久交通					3.13	1.15%	98.5%	C
9	水土保持					2.923 761	1.1%	99.6%	C
10	施工支洞					0.874 697	0.33%	99.93%	C
11	环境保护					0.114 127	0.043%	100%	C
总计		83	65700	100%		266.229 287	100%		

注：在建筑物排序时，优先根据造价百分数从高到低进行排列。

ABC 分类标准如表 5-2 所示。根据 ABC 分类标准，本工程中的隧洞和明渠属于 A 类，是施工管理的重点内容，由于其资金占比大，里程长，工程量大，为成本控制的关键施工项目，也是利润的最大来源项目。

表 5-2　ABC 分类标准

类别	里程比	造价比
A	5%~10%	70%~80%
B	20%~30%	15%~25%
C	60%~70%	5%~10%

倒虹吸和渡槽属于 B 类，是施工管理的一般内容，其余项目属于 C 类，是施工管理的次要内容。工程沿线建筑物 ABC 分析图如图 5-1 所示。

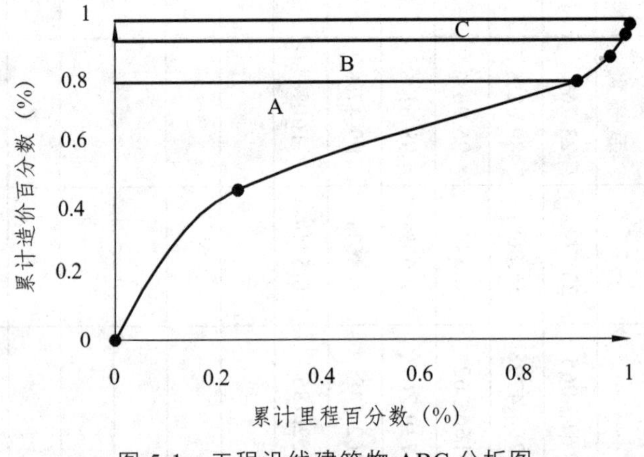

图 5-1　工程沿线建筑物 ABC 分析图

2. 沿线重点建筑物施工管理

通过工程沿线建筑物的 ABC 分类法，已经明确隧洞和明渠是施工管理的重点内容。为使管理更加高效、科学并实现精细化管理，有必要对重点施工项目作进一步的分析研究。

1）隧洞的施工管理

本工程共有 15 个隧洞，各隧洞里程、造价等统计指标如表 5-3 所示。采用上述类似 ABC 分类法，可找出隧洞群施工中的重点管理隧洞，从而更加合理地配置施工资源并使隧洞施工成本控制更有针对性。

表 5-3 隧洞里程、造价统计指标

序号	隧洞编号	里程/m	里程百分数	累计里程百分数	造价/百万元	造价百分数	累计造价百分数	类别
1	12	4 158.783	24.0%	24.0%	27.86	22.7%	22.7%	A
2	9	1 996.045	12.8%	36.8%	15.40	12.5%	35.2%	A
3	11	1 492.952	9.6%	46.4%	10.73	8.7%	43.9%	B
4	15	1 327.252	8.5%	54.9%	9.42	7.7%	51.6%	B
5	6	1 093.225	7.0%	61.9%	8.34	6.8%	58.4%	B
6	3	766.522	4.9%	66.8%	8.13	6.6%	65.0%	B
7	10	787.450	5.0%	71.8%	7.75	6.3%	71.3%	B
8	7	556.709	3.6%	75.4%	5.84	4.8%	76.1%	C
9	8	817.551	5.2%	80.6%	5.47	4.4%	80.5%	C
10	5	508.969	3.2%	83.8%	5.39	4.4%	84.9%	C
11	13	703.996	4.5%	88.3%	5.19	4.2%	89.1%	C
12	2	626.032	4.0%	92.3%	4.48	3.6%	92.7%	C
13	4	247.308	1.6%	93.9%	3.22	2.6%	95.3%	C
14	14	341.033	2.2%	96.1%	2.86	2.3%	97.6%	C
15	1	387.234	2.5%	100%	2.84	2.3%	100%	C
合计		15 613.065	100%	100%	122.92	100%	100%	

注：在隧洞排序时，优先根据造价百分数从高到低进行排列。

同理，根据表 5-2 分类标准，可将第 9、12 号（A 类）隧洞作为隧洞施工管理的重点内容，将 3、6、10、11、15 号（B 类）隧洞作为隧洞施工管理的一般内容，其余隧洞（C 类）为隧洞施工管理的次要内容。隧洞的 ABC 分析图如图 5-2 所示。

下面以 9 号隧洞为例，进一步研究隧洞分部分项工程的施工管理，找出对隧洞施工成本影响较大的分项工程，从而加强隧洞施工成本的控制。9 号隧洞造价约 1 540 万元，隧洞由隧洞进出口、隧洞洞身和初期支护三个分部构成，造价分别为 23.436 0 万元、972.252 7 万元和 544.334 3 万元，各占造价的 1.52%、63.13%和 35.35%，故隧洞洞身和初期支护是隧洞施工成本控制的重点。以隧洞洞身为例，研究分项工程施工成本控制的重点。洞身分项工程量及造价分析如表 5-4 所示。

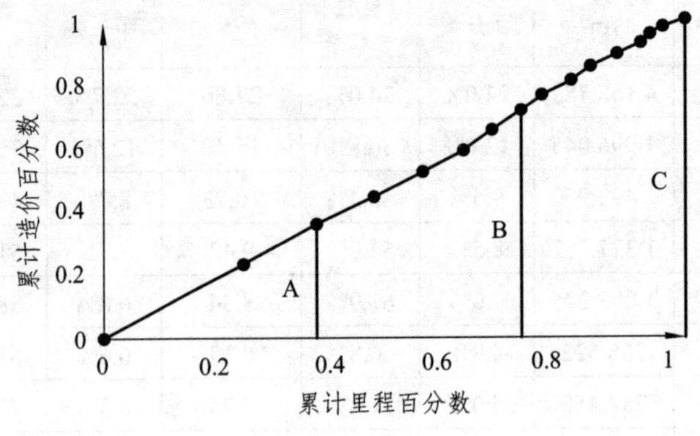

图 5-2　隧洞的 ABC 分析图

表 5-4　9 号隧洞洞身分项工程量及造价分析表

序号	项目名称	计量单位	工程量	单价/元	合价/元	造价比	备注
1	洞挖石方	m³	9 469	243.91	2 309 584	23.75%	
2	洞挖土方	m³	4 007	59.90	240 019	2.47%	
3	衬砌 C25 混凝土	m³	5 345	794.04	4 244 144	43.65%	
4	钢筋制安	t	321	6611.74	2 122 369	21.83%	
5	回填灌浆	m^2	5 766	52.91	305 079	3.14%	
6	固结灌浆	m	1 706	136.19	232 340	2.39%	含钻孔、检查孔及压水试验
7	ϕ50 排水孔	m	5 976	24.47	146 233	1.50%	
8	BWⅡ止水条	m	1 755	30.99	54 387	0.56%	
9	沥青麻丝	m^2	211	175.91	37 117	0.38%	
10	沥青杉板	m^2	263	112.98	29 714	0.31%	
11	沥青砂浆	m^2	53	29.07	1 541	0.016%	

由上表可以看出，洞身施工中，洞挖石方、混凝土衬砌和钢筋制安分项工程占据施工成本的绝大部分，加强对这三个分项工程的施工管理，将对隧洞洞身施工成本控制起到关键作用。类似地，也可分析隧洞初期支护的施工管理重点内容，在此不再赘述。

2）明渠的施工管理

本工程共有 40 段明渠，综合造价约 8 872.583 万元，占直接工程总造价的 32.9%，是线性工程施工管理的重要内容。下面以 40 段明渠作为整体，研究明渠分部分项工程施工管理的重点内容。明渠共计 18 道工序，各分项工程的工程量及造价如表 5-5 所示。可见，明渠施工中，渠身 C20 混凝土和钢筋制安分项工程造价占明渠总造价的约 76%（46.18%+29.54%=75.72%），为明渠施工管理的关键工序。

表 5-5 明渠分项工程量及造价分析表

序号	项目名称	计量单位	工程量	单价/元	合价/元	造价比	备注
1	土方明挖	m^3	220 244	16.11	3 548 131	4.0%	
2	石方明挖	m^3	16 933	43.63	738 787	0.83%	
3	土方槽挖	m^3	269 536	17.32	4 668 364	5.26%	
4	石方槽挖	m^3	37 627	64.24	2 417 158	2.72%	
5	土石方回填	m^3	30 933	4.35	134 559	0.15%	
6	渠身 C20 混凝土	m^3	69 627	588.52	40 976 882	46.18%	
7	盖板 C20 混凝土	m^3	9 812	583.88	5 729 031	6.46%	
8	BWⅡ型止水条	m	30 069.7	30.99	931 860	1.05%	
9	钢筋制安	t	3 963.8	6 611.74	26 207 615	29.54%	
10	ϕ22 砂浆锚杆，L=3 m	根	94	101.57	9 548	0.01%	
11	C20 喷混凝土，厚 10 cm	m^3	22	774.15	17 031	0.02%	
12	挂网钢筋，ϕ@200	t	2	6 689.59	13 379	0.015%	

续表

序号	项目名称	计量单位	工程量	单价/元	合价/元	造价比	备注
13	M7.5 浆砌石（边坡支护），厚30 cm	m^3	2 052	241.14	494 819	0.56%	
14	M7.5 浆砌石（涵洞）	m^3	2 193	287.86	631 277	0.71%	
15	沥青麻丝	m^2	2 224	175.91	391 224	0.44%	
16	沥青杉板	m^2	3 111	112.98	351 481	0.40%	
17	C20 钢筋混凝土	m^3	2 062.2	460.39	9494 16	1.1%	节制闸、退水闸闸室
18	C25 二期钢筋混凝土	m^3	565.98	910.40	515 268	0.58%	

3. 线性工程施工管理方法对策

以上基于ABC分类法得到了线性工程沿线建筑物、各类建筑物及建筑物分部分项工程施工管理的重点内容。对本工程而言，隧洞和明渠是所有沿线建筑物施工管理的重点，对于隧洞，9、12号隧洞又是隧洞群中的重点内容，隧洞分部工程中，洞身和初期支护是重点，洞身分项工程中，洞挖石方、混凝土衬砌和钢筋制安是其主要施工内容。这样，我们就按从粗到细、从大到小、从外到内、从宏观到微观的顺序，确定了整个工程项目的控制性工序，这对工程施工中的管理资源、施工资源的合理、优化配置是十分重要的，对工程施工管理更加科学、高效也可起到积极作用，也可为工程施工成本控制提供依据。对于线性工程，建议按以下几个方面开展施工管理：

（1）对于沿线建筑物种类多、施工复杂、工序较多的线性工程，首先采用ABC分类法确定施工管理的重点内容、一般内容和次要内容。再有针对性地配置管理资源和施工资源，从而使线性工程管理更加科学、高效。

（2）加强重点内容的施工管理，因其占据造价和成本的大部分，对工程项目是否盈利及盈利高低都有重要影响，也是整个项目能否顺利完成的关键所在。

（3）重视一般内容和次要内容的施工管理。正如事物的主要矛盾与次要矛盾在某些条件下会相互转化一样，涉及岩土体的工程项目，由于影响因素多且复杂，一些次要的施工项目有可能对整个工程项目的顺利推进起到制约作用。例如，边坡稳定性对明渠与渡槽在完工后能否正常使用往往起到决定性作用，此时，边坡治理就有可能成为项目施工管理的主要内容，引起施工成本的大幅度增加，严重情况下，甚至需要修改设计方案，从而提高建设成本。

（4）在确定线性工程施工管理的侧重点时，除了主要考虑造价、里程因素外，还应考虑施工难易程度、对工期的影响、是否为关键线路上的关键工序等因素，综合各种情况统筹确定的施工重点内容才能对施工管理起到指导作用，否则将适得其反。

虽然ABC分类法对于探寻施工管理的侧重点方面有着积极而有效的作用，但它只能解决施工管理侧重点的确定问题，或者说它只是明确施工管理的方向，而对于施工企业更为关心的施工方案制订优化、施工成本精细化控制等问题却无能为力。下面我们将应用价值工程的研究思路来探讨这一问题。

5.2.3 基于价值工程的线性工程施工成本分析研究

1. 概述

价值工程是通过各相关领域的协作，对所研究对象的功能与成本进行系统分析，不断创新，旨在提高所研究对象价值的思想方法和管理技术。这里“价值”定义可以用如下公式表示：

$$V = F / C$$

式中，V 为价值（Value）、F 为功能（Function）、C 为成本或费用（Cost）。

价值工程的核心内容是对“功能与成本进行系统分析”和“不断创新”，提高产品的“价值”。或者，在功能 F 不变的情况下，欲提高价值

V，则必须降低成本或费用 C。

很多项目各个阶段成本方案的决策大多依靠人的经验，决策缺少定量分析和理论支撑，成本控制以事后核算为主。虽然采用偏差分析等方法在一定程度上可以控制成本，但是不能从中得到项目实际与预期成本绩效的关系，不能预测项目最终成本，不能分清工期与成本因素各自所造成的影响，亦也不能明确责任。因此，需要将新理论引入项目的成本控制。

价值工程理论权衡成本、功能和价值三者的关系，促进成本的有效控制，因此可以将价值工程应用到工程建设施工方案决策过程，以期找到最佳施工方案。

2. 线性工程施工成本控制

就本工程而言，主要施工项目有隧洞、明渠、倒虹吸、渡槽、暗涵、泵站、永久交通、水土保持、施工支洞和环境保护。将以上 10 个施工项目作为功能项目，应用“头脑风暴法”，组织专家对各项工程功能的重要性进行评分，得到各因素的功能评价系数，并与各项工程的预算成本一起列入表 5-6 中。

各项工程预算成本共计 269 433 984 元，如果企业预期利润率为 10%，则各功能项目的目标成本为 269 433 984−269 433 984×10%≈242 490 586 元，为使成本控制达到预期目的，各功能项目预算成本必须加以调整，功能项目的目标成本为总预算成本与功能项目功能评价系数之乘积。

1）功能项目的价值系数

根据各功能项目的预算成本计算功能项目的成本系数，从而得到相应的价值系数，结果如表 5-7 所示。

表 5-6 功能评价系数和各工程预算成本

序号	功能项目	功能评价系数	预算成本/元
1	隧洞	0.448	122 920 574
2	明渠	0.319	88 725 830
3	倒虹吸	0.091 2	22 283 271
4	渡槽	0.065 2	18 360 486

续表

序号	功能项目	功能评价系数	预算成本/元
5	暗涵	0.028	5 620 764
6	泵站	0.020 3	4 480 474
7	永久交通	0.010 5	3 130 000
8	水土保持	0.013 2	2 923 761
9	施工支洞	0.004 2	874 697
10	环境保护	0.000 4	114 127
11	合计	1.00	269 433 984

表 5-7　功能项目的成本系数和价值系数

序号	功能项目	功能评价系数	成本系数	价值系数
1	隧洞	0.448	0.456 2	0.982
2	明渠	0.319	0.329 3	0.969
3	倒虹吸	0.091 2	0.082 7	1.103
4	渡槽	0.065 2	0.068 1	0.957
5	暗涵	0.028	0.020 9	1.340
6	泵站	0.020 3	0.016 6	1.223
7	永久交通	0.010 5	0.011 6	0.905
8	水土保持	0.013 2	0.010 9	1.211
9	施工支洞	0.004 2	0.003 2	1.312
10	环境保护	0.000 4	0.000 4	1.000

价值系数大于 1 的，表明其功能比重相对成本比重较高，成本控制较为合理；价值系数等于 1 的，表明其功能比重刚好等于成本比重；价值系数小于 1 的，表明其成本比重大于功能比重，应适当降低成本。

2）目标成本的分配和成本改进

为使成本控制在 242 490 586 元内，应当按照各功能项目的功能评价系数重新分配目标成本，目标成本的分配与改进如表 5-8 所示。

由表 5-8 可知，倒虹吸、暗涵、泵站、水土保持、施工支洞和环境保护在现有预算成本范围内是可以完成施工任务的，而隧洞、明渠、渡槽和永久交通则需通过施工方案优化、加强施工现场管理等手段，在保证工程质量、进度和安全的前提下，降低施工成本，才能最终完成施工成本控制的预期目标。

表 5-8　目标成本的分配与改进

序号	功能项目	预算成本/元	目标成本/元	成本降低/元	成本降低比例
1	隧洞	122 920 574	120 706 425	2 214 149	1.8%
2	明渠	88 725 830	85 949 441	2 776 389	3.13%
3	倒虹吸	22 283 271	24 572 379	−2 289 108	−10.27%
4	渡槽	18 360 486	17 567 096	793 390	4.32%
5	暗涵	5 620 764	7 544 152	−1 923 388	−34.22%
6	泵站	4 480 474	5 469 510	−989 036	−22.07%
7	永久交通	3 130 000	2 829 057	300 943	9.61%
8	水土保持	2 923 761	3 556 529	−632 768	−21.64%
9	施工支洞	874 697	1 131 623	−256 926	−29.37%
10	环境保护	114 127	114 127	0	0
11	合计	269 433 984	242 490 586		

5.3　施工方案优化

施工方案的编制在满足现场施工需要的同时，还应进行方案的优化比较，找到既满足施工需要，又不失经济性的最优施工方案，这对施工成本的控制是极其重要的。以下仅对隧洞、明渠、渡槽等工程的施工方案优化进行综合性阐述。

5.3.1　施工现场用电

本项目供电方式采用永久与临时结合的方式，线路 8 ~ 65.7 km 段施工期间供电线路由沿线 13 个泵站的永久 10 kV 供电线路接引。引水线路前 8 km 段，可自龙开口电站原施工输电线路或乡村电网接引供给。临时用电由柴油发电机发电供给。永久用电成本主要由供电线路成本、输变电设备成本、用电成本构成，临时用电成本则主要由发电设备及维修成本、供电线路成本和用油成本构成。考虑供电时间（或施工项目持续时间），将两种供电方式的各自成本之和进行比较，即可找到现场施工用电的最优供给方式。

5.3.2 弃渣场选址布置

弃渣场选址布置应考虑的因素包括渣土运量、运距、农业复垦、环境保护、环境安全（弃渣形成人工边坡或在已有边坡上加载导致的潜在滑坡）等，如果其他因素都已考虑，运距则成为影响渣土运输成本的关键因素。若按照运距选择弃渣场，这其中将要用到线路规划理论、运筹学等理论才能找到使运输成本最低的弃渣场布置位置，在此不赘述，相关问题可参考有关文献。

5.3.3 仓库布置

仓库布置应遵循的原则是尽量避免或减少材料的二次搬运，材料二次搬运将会产生较多的额外费用，这对施工成本控制是不利的。若施工沿线布置的仓库多而分散，虽可有效减少材料二次搬运的距离，较好地满足施工需要，但却增加了管理难度，管理成本也会相应增加。因此，在选择仓库位置时，应统筹考虑各方面因素，确定既能满足施工需要，又使管理成本较低的布置方案。

5.3.4 隧洞开挖、支护与除渣

引水隧洞净断面尺寸 1.5 m×2.233 m ~ 2.0 m×2.667 m（宽×高），开挖断面尺寸 2.1 m×2.833 m ~ 2.6 m×3.267 m（宽×高），为城门型小断面隧洞，开挖方式一般采用全断面开挖，手风钻造孔，无损光面爆破或风镐直接开挖，施工遵循“新奥法”原则。隧洞开挖方式的比选方案有限，已无多少优化余地。

超前支护采用锚杆支护，临时支护采用钢拱架或格栅钢架支撑（间

距 0.5 ~ 0.8 m)、锚杆及喷射混凝土（包括钢筋网喷）等形式进行支护。在选择锚杆和钢架规格、间距时，应估计围堰松动圈范围、压力大小、围堰稳定性，在破碎岩层中掘进，应考虑岩体完整性、风化程度、优势结构面发育程度、走向、充填情况、地下水赋存情况等，在高应力区，应掌握岩体地应力水平，判断是否存在岩爆现象。在掘进过程中，最大程度利用围堰的自稳能力，减少支护甚至不支护。在充分掌握工程地质情况并进行理论和经验分析、判断后，在施工过程中适时调整支护方案，从而达到既保证工程质量和施工安全，又节约施工成本的目的。

除渣方式可采用人工或扒渣机装车，由自卸式车辆运至指定弃渣场，这种除渣方式只有在洞底土为砂卵（砾）石或岩石时可以采用，若洞底土为高灵敏度的土体或遇水软化崩解的粉砂岩时，由于车辆轮胎在洞中行走会打滑、下陷而无法开行。此时应考虑采用有轨除渣技术，以提高除渣效率。

5.3.5　混凝土供应系统

本工程施工线路长（65.7 km），距离商品混凝土搅拌站远，采用商品混凝土是不现实的。故混凝土的供应采用集中拌和或现场拌和两种供应方式。采用集中拌和，用 3 m^3 混凝土搅拌运输车迅速运混凝土至输送泵，随着运输距离增加，混凝土在运输过程中难免发生浆骨分离、漏浆或泌水现象，影响混凝土质量，也增加了混凝土泵送难度。另外，还有可能发生混凝土由于运输时间长，供应不及时而导致的工程质量问题。若采用施工地点现场拌和方式，当多个施工项目同时施工，所需的混凝土拌和设备也需要增加，混凝土原材料还会产生二次搬运的费用，这无疑会提高施工成本，同时，由于混凝土拌和地点分散，管理难度增加，管理成本提高。

在选择混凝土的供应方式时，保证既不影响混凝土的质量和工程质量，还能有效控制施工成本，应根据现场施工的具体情况，将两种供应方式有机结合，发挥各自优势，扬长避短，确定混凝土供应系统优化方案，力争使混凝土施工成本控制到最低。

5.4 施工现场管理

施工现场管理的核心内容是质量、进度和安全管理。对于线性工程，由于工程量大面广，施工路线长，投入的人、料、机较多，管理工作复杂，难度高。如果将现场管理与施工成本紧密联系起来，管理工作就更为复杂，这就要求对传统的现场管理方法进行创新，找到一条对线性工程施工行之有效的管理途径，向管理要效益，通过管理降低施工成本。

工程质量是一个工程项目的生命，是项目完工投入运营后能否正常使用的关键，任何一个项目都应将工程质量放在管理的首位；进度管理的核心目标是确保项目按预定计划完工，如果工期延误，将引起建设成本增加，同时影响项目的经济效益；安全是一个项目综合效应的重要影响因素，忽视安全管理，有可能造成施工项目由盈变亏，甚至引发严重的社会后果。对于线性工程，建议按以下三个方面开展现场管理：

1. 建立完善的质量管理体系和质量标准

项目部应建立完善的质量管理组织机构，管理人员分工明确，职责清晰，质量意识强，具备相关专业工作能力的知识和经验。质量管控应遵循“计划、执行、检查、处理”（PDCA）循环工作方法，不断改进过程控制。如有必要，应实行企业—项目总工程师—工程技术部门三级质量管理组织体系，以保证质量管理工作协调有效地进行。如工程复杂程度高，技术要求高，还应成立项目专家组以供咨询，解决项目实施过程中的技术疑难问题。

质量标准是衡量工程是否达到质量目标的尺度，质量标准有国家标准、行业标准、地方标准和企业标准，国家标准为最低标准，企业标准为最高标准。作为具体工程项目，必须明确项目的质量目标，然后再贯彻相应的质量标准，无论执行什么标准，国家标准都是要无条件满足的。完善的质量标准是保证工程质量的决定性条件。

2. 创新的管理手段

线性工程由于施工路线长，沿线建筑物种类多，人、料、机投入大，管理难度增加，传统的现场管理方法会使管理成本提高，现场管控还不一定能取得较好的效果。这就要求管理手段要有所创新。近年来，视频监控已经应用到工程建设领域，在项目的重要部位、关键节点、危险性大的位置、控制性施工环节安装视频监控，管理人员通过监控视频进行远程指挥和管理，实时掌握施工现场动态，再结合一定的通信手段，还可实现施工班组与管理人员的远程互动交流，及时解决施工现场问题，并能准确地进行人、料、机的调配和进出场安排及安全隐患排查。待该施工段完成施工任务后，视频监控移到下一个监控点，直至完成所有的施工任务，这就大大提高了管理效率，有效降低管理人员的工作强度，节约了管理的人力成本，不失为一种较好的管理手段。

3. 创新的管理技术

提高工程建设的信息化程度是国家建设主管部门大力提倡的，这也是今后工程建设的一种趋势，施工企业应能适应这一趋势，并在具体工程项目上提高施工的信息化水平，提高企业的施工水平和竞争力，自觉地将其作为企业发展的驱动力，这是企业长远发展的内在需要。

BIM（建筑信息模型）技术在工程项目规划、勘察设计、建造、运维全生命周期管理中具有独特优势。施工企业在项目建造阶段，利用勘察、设计文件创建施工方的三维（3D）信息模型，可以于施工前发现设计所存在的问题，如标高、平面尺寸、构件相对位置关系、图纸前后矛盾、设计缺陷等，在正式施工前将设计问题提前解决，可避免返工造成的浪费及工期延误。对一些工艺复杂、技术难度大的施工部位，预先通过 3D 模型进行模拟施工，从而调整、优化施工方案，直至满足施工需要为止，然后再将模拟施工确定的施工方案用于实际工程施工，就可以大大提高施工效率，有效避免因为施工方案不合理造成的工程质量问题和工期延误。如果在 3D 模型上加入时间因素（即为 4D 模型），还可以进行施工进度模拟，找出影响进度的所有因素，重新调整进度计划，于正式施工前将这些影响因素消除或加以干预，就能确保施工按预定进度计划顺利推进，从而达到工期目标。当然也可以再加入成本因素（即为 5D 模型），通过信息模型可以快速、便捷地获得工程量指标，再套以定额单价，即可快速获得施工对象的施工成本，这对现场施工管理人员对施工成本的控制变得更加高效和准确。如果发生设计变更，变更对象及与之关联的整体对象的所有信息都可以通过模型进行更新并快速反应出来，极大地提高了施工效率，避免了传统的处理设计变更的冗长手续，但设计变更涉及多家单位，这其中存在不同单位之间协同工作的问题，BIM技术发展至今，并伴随发达的互联网技术，协同工作的问题也不再是障碍。

施工现场管理工作对施工项目提质增效具有重要作用，对于线性工程，管理人员应转变管理思路，创新管理手段和技术，增强质量意识、进度意识、安全意识和成本意识，对路线长、工程量大、施工面广的施工现场具有较强的把控能力，只有这样，才能使工程项目施工达成最终的目标。

5.5 施工进度控制——LSM 技术探讨

纵观中外，随着 20 世纪末在理论层面的一些重要进展，线性计划技术的工程应用和理论研究逐渐增多。然而时至今日，就工程项目工期质量成本的多目标优化问题而言，无论是至今仍占主导地位的网络计划技术还是其他方法如线性计划方法 LSM 技术等，随着全球一体化在工程建设领域的不断推进，人们的关注度也与日俱增。

线性计划方法是一种重要的线性计划技术，其中 Linear Scheduling Method 即简称 LSM 方法。最初的学者提出了线性计划方法 LSM 并将其应用在建筑业。但是过去一直将 LSM 简单视为一个图形计划技术，对其计算和优化能力非常不信赖，因此无法与网络计划技术（CPM 等）相匹敌。但是传统甘特图、CPM/PERT 方法在复杂的线性工程中往往受到很多制约。甘特图不能反映各分部分项工程之间的逻辑关系，而 CPM/PERT 网络图不能处理庞杂的计划，当出现变更时，网络图不便于更新，不利于在施工管理中应用。对本工程而言，虽然依旧采用的是甘特图表示的进度计划方法，但 LSM 方法的发展前景和实际应用更方便、简洁、直观。对于LSM计划方法的探索应用是目前线性工程管理研究中比较重要的一环。虽然 LSM 技术还没有完善系统的基本理论、定义以及系统化的分析计算方法和优化理论方法，但是其在线性工程进度计划图形技术中的运用是比较成熟的。相比较传统的网络计划技术，线性计划方法在线性工程上的应用具有明显的优势，对于引水隧洞施工这种线性工程有更强的适用性。线性计划方法在线性工程中的应用具有以下优势：

（1）能够精确地模拟活动的活动进展情形和施工的速率。

（2）能够图形化地、更加简洁地展示施工的过程。

（3）能够更加全面、准确地描述施工活动之间的各种约束。

CPM：开始-开始/开始-结束/结束-开始/结束-结束（SS/SF/FS/FF）。

LSM：约束（minimum/maximum time/distance buffer）。

（4）能够保持施工活动的连续性。

5.5.1　LSM 方法的发展

LSM 方法起源于国外，外国学者对这种方法的研究比较多，在 LSM 计划绘制的理论、关键路径如何确定及如何改进 LSM 方法等方面取得了很多重要的成果。在 LSM 计划编制方面。1981 年，Johnston 将线性进度计划首次引入到公路工程建设领域。他定义了该进度计划的一系列变量，如生产率、活动中断、间隔、日历天等。1986 年，Chrzanowski 和 Johnston 利用已完工的公路工程将 CPM/PERT 方法和 LSM 方法进行比较。认为"能得到相当详细的项目信息却不用像网络计划中那样面临庞大的数据和抽象概念"。同时，他们也解决了 LSM 方法的一些限制。总之，提出 LSM 方法的应用最好是作为 CPM/PERT 方法的补充。2001 年，Yamin 建立了在公路工程中分析线状工序生产率变化的积累效应。这项研究主要集中在线性计划风险的分析能力方面，从而使项目经理能够预测项目延迟的可能性。虽然这种分析在 CPM/PERT 方法中很普遍，但是 LSM 方法的分析能力却很受限。Harmelink 在 2001 年提出 LSM 时差的概念，它必须能够反映活动的主要特征，明确生产率是线性活动更加根本的属性。这些研究充实了 LSM 方法的基本理论，使得 LSM 方法的发展不断完善。

在确定 LSM 方法的关键路径方面。1995 年，Harmelink 开发了一种基于 AUTO-CAD 程序的线性计划模型，他集中研究 LSM 计划的两个重要方面，证明 LSM 计划实现计算机化是可能的。还阐述了 LSM 方法找出关键线路（Controlling Activity Path，简称为 CAP）的步骤，使 LSM 方法利用软件实现成为可能。1998 年，Harmelink 和 Rowings 对 LSM 方法活动的特点进行分类，并定义了一系列的相关概念，通过前向和后向追踪的方法找到了 LSM 方法的关键控制线路（Controlling Activity Path，简称 CAP）。Mattila 和 Amy Park 在 2003 比较了 LSM 方法和重复计划方法（RepetitⅣe Scheduling Method，简称 RSM）关键路径的算法。对关键路径的研究，使 LSM 方法更加实用。

在 LSM 方法的改进方面。1998 年，El-Sayegh 开发了以资源为基础的确定性和不确定性的线性计划模型。确定性模型可以仅依据用户的输入来产生一个线性计划。不确定性模型可以产生基于蒙特卡洛模拟的线性计划。2011 年，Gregory A. Duffy、Garold D. Oberlender、David Hyung Seok Jeong，他们定义了影响线状工程的四种变量即普通变量、时间变量、地点变量、时间-地点变量，利用工作窗口的概念，提出工序性能指标（API，Activity Performance Index），根据这一指标给工作窗口涂上不同的颜色，颜色不同工序完成的难易程度也不同，生产率也不同，从而提出了基于变生产率的线性计划模型。2006 年 Aiyin Jiang，Bin Cheng，Ian Flood 改进了 LSM 方法使其更适合管道工程项目的特点。Gunnar Lucko、Shu-Shun Liu、Wang Mohammad 等人对线性计划技术，包括 LSM、RSM、LOB（Line of balance，简称 LOB）进度计划等做了很多分析。不同的线状工程有不同的特点，为了适应这些项目本身的特点，LSM 方法要根据实际情况改进计划，使 LSM 计划理论的发展更加完善，更加符合项目实际。

我国研究 LSM 方法起步较晚，但是也取得了一定的成绩。在其基本理论方面，刘津明、徐欣、蒋根谋等人简要介绍了线状工程和线性计划方法的基本概念，并将其应用到公路项目、地铁项目和隧道项目中。在资源均衡优化方面，蒋根谋依据 LSM 方法优化的特点，提出了启发式优化算法和精确算法，并建立了优化模型，采用遗传算法并利用 Matlab 编程解决该模型的求解问题。这说明对 LSM 方法的研究又深入了一步。刘荣自利用质量系数量化工程质量，建立线状工程工期、成本、质量的多目标综合优化模型。王丽、王建提出了新的工期优化方法，即降低关键路线的工作效率，这样就保证了 LSM 计划的施工连续性和资源供应的连续性。国内主要集中在 LSM 资源优化方面，因为资源管理是项目管理的一个重要部分，也是国内外学者研究的重点。

5.5.2　LSM 方法基本理论

所谓线性计划方法 LSM 是指：根据线状工程项目的施工特点，在一直角坐标中来描述线状工程项目施工进度计划.用水平轴表示工程的空间位置，用垂直轴表示工程的时间进展情形，而任一活动根据其施工的时间和空间位置用一定的图标在二维坐标系里表达出来。线性计划方法 LSM 是编制线状工程项目进度计划非常有效的工具。计划编制者或使用者可以一目了然地知道在某空间点某活动的施工速度、工程进展情况、与相邻活动的空间约束情况等信息。同时，从表 5-9 中可以发现，与 CPM 计划相比，LSM 计划保证了活动施工的续或资源使用的连续性，这是于工程现场管理、缩短工期的有利保证。

表 5-9　线性工程项目 LSM 计划表示方法

线状工程项目 LSM 计划											
		K10+00	K20+00	K30+00	K40+00	K50+00	K60+00	K70+00	K80+00		
时间（周）	9									9	时间（周）
	8									8	
	7									7	
	6									6	
	5									5	
	4									4	
	3									3	
	2									2	
	1									1	
		K10+00	K20+00	K30+00	K40+00	K50+00	K60+00	K70+00	K80+00		
		空间（站）									
	图标	开挖支护		钢筋 混凝土施工			回填灌浆				

LSM 计划方法中活动的基本属性是由开始结束时间、开始结束里程、

速率、约束（时间约束和距离约束）等组成的。活动的时间指从活动开始到活动结束的持续时间，活动的持续时间由工作量和资源量决定，该持续时间在制订进度计划之前都是一个未知数量值，现在的进度计划管理方法一般都采用估算的方法确定其数值。开始里程与结束里程把活动限定在线性计划图中垂直于轴的两条直线之间的范围内。在线性活动有速率（rate）的概念，它反映了一个线性活动单位时间内在空间位置上的进展，是线性最为主要的特征，也是线性计划方法区别于关键路径法的一个重要的特征。对应于线性计划图中，即表现为线性活动的斜率。同时，线性活动的速率反映了该活动所属的资源量，速率随着该活动所属资源量的增减而变大或变小，在线性计划图上则表现为活动的斜率随着活动所属资源量的增减而变小或变大。

在线性计划图中，两个活动之间在水平方向上的距离被称作距离间隔（buffer），垂直方向上的距离被称作时间间隔。活动之间约束的存在是由技术的、管理的或其他外在一些约束的要求造成的。两个活动间不允许超过的最小时间和最小距离被称作最小时间约束和最小距离约束，而活动间不允许超过的最大时间和最大距离被作最大时间约束和最大距离约束。

各个活动之间不是相互独立的，而是相互制约和联系的。例如，活动之间的先后顺序就是活动之间的联系之一，这种联系也就称为活动之间的逻辑关系。有些逻辑关系是活动之间所固有的依赖关系，这种关系是活动之间本身就存在的、无法改变的逻辑关系，也可以是工程项目的相关合同、作业要求或者行业标准所强制规定的依赖关系，进度计划编制者往往无法改变这种逻辑关系。这种无法改变的逻辑关系主要指活动之间的先后衔接关系，这里需要提到承前活动和后续活动的定义。一般来说，只有在承前活动结束之后，后续活动才能开始。在同一个工程项目进度计划中，如果活动 1 结束后，活动 2 才能开始，并且活动 1 和活动 2 之间不存在其他活动，那么活动 1 就称为活动 2 的承前活动，活动 2 称为活动 1 的后续活动。

另外，活动之间存在人为确定的一种逻辑关系，在项目实践过程中，可以自行进行调整。进度计划编制者在对活动进行排序时，要重点针对相互之间具有可以调整的关系的活动进行优化，以达到缩短整个项目的工期的目的。这种可以调整的逻辑关系分为四类，即结束到开始（FS）、开始到开始（SS）、开始到结束（SF）、结束到结束（FF）。结束到开始（FS）指活动 1 完成之后，活动 1 的后续活动才能开始；开始到开始（SS）指活动 1 开始一段时间后，活动 1 的后续活动才能开始；开始到结束（SF）指活动 1 开始一段时间后，活动 1 的后续活动才能结束；结束到结束（FF）指活动 1 结束一段时间后，活动 1 的后续活动才能结束。一般来说，对于以上四种逻辑关系，比较常用的就是结束到开始（FS）的逻辑关系。

LSM 方法是在一个由时间和空间组成的二维坐标系里表达工程进展情况。根据线状工程施工的时空特点，用直角坐标系（时间-地点坐标）来描述线性工程项目施工的进度计划。根据本项目，运用 LSM 方法能很好地解决各分部分项工程施工组织的进度表达。

5.5.3　LSM 方法中工序分类

在 LSM 方法中，工序可分为了三类：线状工序、条状工序及块状工序（图 5-3）。线状工序如铁路施工中道砟的铺设，公路工程中土方工程、水泥稳定碎石层铺设等；常见的条状工序有市政道路中的下水井、地下通道的修建等；常见的块状工序有局部软基处理等。例如某铁路工程路基施工有施工准备、局部软基处理、土石方工程、路基碾压、涵洞等工序，用 LSM 方法表示如图 5-4 所示。

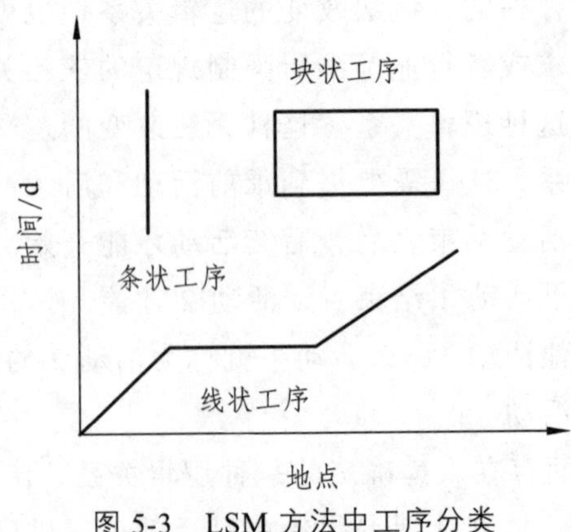

图 5-3　LSM 方法中工序分类

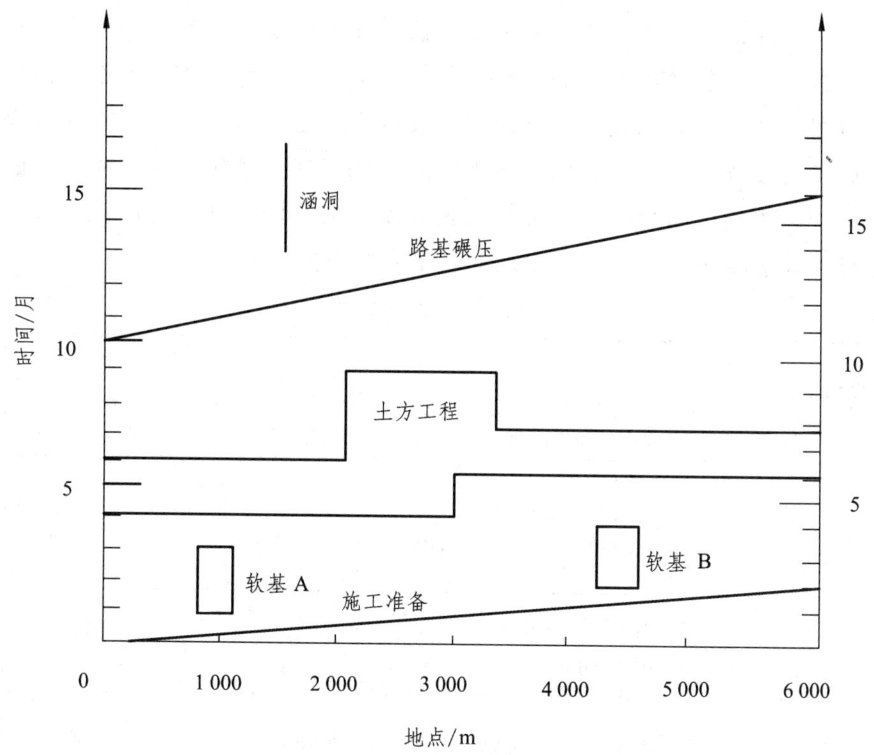

图 5-4 铁路公路路基施工

后来的研究对工序的分类做了进一步的划分，按照施工活动是否连续、是否贯穿整个项目、是否分段施工，提出了更为详细及符合施工实际的分类方法。对线状活动来说，可分为连续全过程线性活动(Continuous full-span linear activity，简称 CFLA)、间歇全过程线性活动 (Intermittent full-span linear activity)、连续部分线性活动 (Continuous partial-span linear activity，简称 CPLA)、间歇性部分线性活动(Intermittent partial-span linear activity)、分段连续线性活动(Linear continuous segmented activity) 和分段间歇性线性活动(Linear intermittent segmented activity)六种类型，在表 5-10 中有对线状活动具体分类的说明。

从某一点开始，施工过程将沿着某一预定的线路进展，这样的工作称为“线状工作”。引水隧洞工程的线路段施工，由一端向另一端沿着预定的线路进展，就属于典型的“线状工作”。在进度表中，“线状工作”

用一向下或向上的倾斜线段来表示。该斜线上的每一点都对应一个“空间位置”和一个时间点（即纵坐标的值），表示某个时间施工到某一预定的位置，非常直观明确。这条斜线的坡度表示施工速率，斜线越陡，表示施工速度越慢。反之，斜线越平缓表示施工速度越快。在工程项目的实施中，因施工条件、施工方法及投资条件的不同，施工速度就会有所差异。在进度表中就表现为斜线的斜率有所不同。

表 5-10　线状活动的划分

	分类	描述
线状活动	连续全过程线性活动（Continuous full-span linear activity）	活动是线性的、连续的，而且是贯穿于工程项目的全过程
	间歇性全过程线性活动（Intermittent full-span linear activity）	活动是线性的，但施工过程是间歇性的、断断续续的，而且是贯穿于工程项目的全过程（工程项目开始到项目完工）
	连续部分线性活动（Continuous partial-span linear activity）	活动是线性的、连续的活动，但不是贯穿于工程项目的全过程，而是其中的部分
	间歇性部分线性活动（Intermittent partial-span linear activity）	活动是线性的，但施工过程是间歇性的、断断续续的，而且不是贯穿于工程项目的全过程，是其中的部分区段
	分段连续线性活动（Linear continuous segmented activity）	活动是线性的、连续的活动，在项目全过程中分若干个区段施工
	分段间歇线性活动（Linear intermittent segmented activity）	活动是线性的，在项目全过程中分若干个区段施工，但施工过程是间歇性的

条状活动（Bar activity）可分为间歇性条状活动（Intermittent bar activity）、离散型条状活动（Discrete bar activity，简称为 DBA）和重复性条状活动（Repetitive bar activity）三种类型，表 5-11 中有对条状活动具体分类的说明。

在一个特定的位置发生的一个工作或一组工作，这些工作在这个位置上将持续一个较长的时间，这样的工作称为“条状工作”。如在隧洞段中间的某一位置有一工作竖井或建一条投料竖向通道，那么这样的竖向施工项目就构成了一个“条状工作”，在进度表中就表示为一垂直的竖线。竖线的长短表示该“条状工作”持续时间的长短，该竖线在水平轴上的投影即为该“条状工作”的空间位置。块状活动细分为连续全过程块状活动（Continuous full-span block）、间歇全过程块状活动（Intermittent full-span block）、连续部分块状活动（Continuous partial-span block，简称 CPB）和间歇性部分块状活动（Intermittent partial-span block）四种类型，表 5-12 中有具体对块状活动分类的具体说明。

表 5-11　条状活动的划分

	分类	描述
条状活动	间歇性条状活动（Intermittent bar activity）	在空间某一点上需要花费较多的施工时间，但施工过程是间歇性的
	离散型条状活动（Discrete bar activity）	在空间某一点上需要花费较多的施工时间，但施工过程是连续的、是个体的活动，如下水井、高速公路中桥梁工程等
	重复性条状活动（Repetitive bar activity）	在空间某一点上需要花费较多的施工时间，但施工过程是连续的，在工程某区段是重复性的

表 5-12　块状活动的划分

	分类	描述
块状活动	连续全过程块状活动（Continuous full-span block）	在工程项目的全过程上的每个空间点上需要花费较多的施工时间，且施工过程是连续的，如公路工程中的路基土方工程等
	间歇性全过程块状活动（Intermittent full-span block）	在工程项目的全过程上的每个空间点上需要花费较多的施工时间，且施工过程是间歇性的
	连续部分块状活动（Continuous partial-span block）	在工程项目的某区段上的每个空间点上需要花费较多的施工时间，且在该区段中施工是连续的，如软基处理等
	间歇性部分块状活动（Intermittent partial-span block）	在工程项目的某区段上的每个空间点上需要花费较多的施工时间，且在该区段中施工是间歇的

某些施工过程要在一定的空间面积上展开，这些施工过程就要在这个面积上持续一段时间，构成“块状工作”。如在隧洞施工中的工作竖井、软弱土层的注浆加固（其强度的增长需要一定的时间）等均可用“块状工作”来表示。在进度表中，“块状工作”用一个矩形来表示，矩形的水平段表示该工作在线段上的空间位置，矩形的垂直段表示该工作的持续时间。

以上是 LSM 方法对线状工程活动的分类，其表示方法与 CPM/PERT 方法有所不同。前者通过活动的发生的时间与地点的关系，用二维的线条或者图形来表示其活动，如图 5-5 所示。在 AOA 中，用箭线表示活动，箭头表示工作流向，节点连接活动，箭线和两端的节点共同表示一项活动。在 AON 中，一个节点代表一项活动，箭线代表相邻两活动之间的逻辑关系，只在时间一个维度表示。

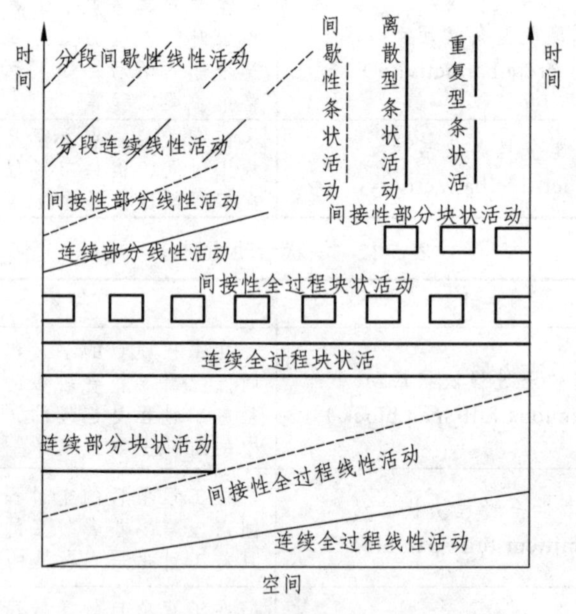

图 5-5　LSM 活动方法表示

5.5.4　LSM 方法关键路线

一个有价值的计划必须能够提供一些必要的信息，比如该计划的期望工期、关键路径及工序之间的关系等，便于项目管理人员进行制定进度目标及进度管理方案等。类似 CPM/PERT 方法中的关键路径，LSM 方法也有其关键控制路径（Controlling Activity Path，简称 CAP）。CAP 路径的计算与关键路径法的计算有很大差别，需要先介绍几个相关概念，说明相邻两工序之间的关系（见表 5-13），图 5-6 表示的是这几个概念的关系。

表 5-13 CPA 路径关键概念

名称	说明
LT （Least Time Interval）	最短时间间隔，一般发生在相邻两工序中的端点或任一工序施工速度变化的转折点上，在图中沿 *Y* 轴方向
CD （Coincident Duration）	搭接时间区间，指相邻两工序同时施工的时间区间
LD （Least Distance Interval）	最小空间间隔，指在搭接时间区间内相邻两工序最短的空间距离，在图中沿 *X* 轴方向
BB （Beginning Buffer）	相邻两工序开始施工时的时间间隔
MB （Minimum Buffer）	相邻两工序的最小时间间距

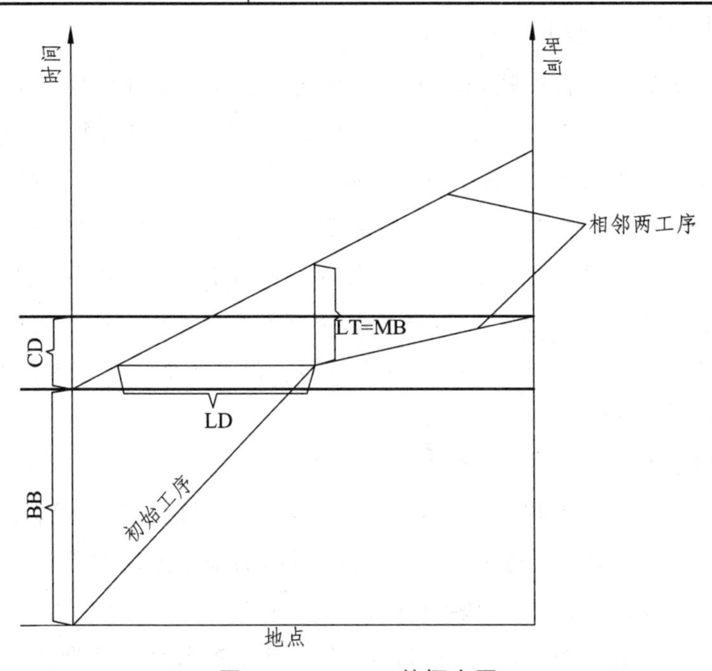

图 5-6 LT、TD 等概念图

CAP 路径的确定有以下几个原则：

（1）连续全过程线性活动 CFLA 全部或部分区段必为关键工序。

（2）如果相邻 CFLA 的 CD≠∅，则其间的任何活动均为非关键工序；如果 CD=∅，则其间的其他工序可能为关键工序，由这些工序之间的相互关系确定。

（3）可能的关键线路的确定从开始工序开始（即 t=0 时刻），到最后工序结束。

确定 CAP 路径的基本步骤：

（1）根据施工方案绘制出初始的 LSM 进度图，按工序的开始时间，正向顺序找出各工序之间的 LT 和 LD。

（2）按照确定 CAP 路径的原则，找出可能的关键工序或关键区段。

（3）从结束工序的终点开始，反向追踪，把关键工序或关键区段用直线连接起来（连接线），确定 CAP 路径。

（4）计算各工序之间的时间参数。

5.5.5 LSM 技术应用

本引水隧洞工程中隧洞段施工以某隧洞左线起讫桩号为：K10+963～K11+515，长度为 552 m，该隧洞属中长分离式隧洞。隧洞纵坡为单向坡，左线的坡率均为-2.5%，进口采用端墙式城门洞洞门，出口采用削竹式洞门。隧洞采取单向掘进。隧洞左线主要施工过程有：施工准备，洞身开挖及一次衬砌，仰拱施工，进口（出口）洞门施工，二次衬砌及水沟等附属工程，共有 7 个活动。洞身主要处于Ⅳ、Ⅴ类围岩区，因而，洞身开挖、仰拱在不同的岩区其施工速度不同。有关 7 个施工过程在 LSM 计划中的基本信息见表 5-14。

LSM 进度计划绘制步骤：

第一步：根据工程特点，划分施工活动，计算各活动工程量，并根据资源的投入（需求）量，计算各线性活动的施工速度和其他类型活动的施工时间并确定各活动的空间位置。在该案例中，共划分为 7 个活动，并明确了各个活动的属性。例如，活动 A 施工准备是连续型条状活动，活动 C 为连续型线性活动。活动属性的划分，对于 LSM 进度计划关键线路和总工期的确定，具有重要的意义。如连续型全过程线性（条状、块状）活动（段）一定是 LSM 计划中的关键活动（段），而离散型或部分型的活动，可能是关键活动，也可能是非关键活动等。需说明的是，各线性活动施工速度，是以各个活动所需某种共享资源投入量来确定的，具体数据见表 5-14。

第二步：确定相邻线性活动间时间步距 BB，具体数据见表 5-14。

第三步：绘制 LSM 进度计划，如图 5-7 所示。

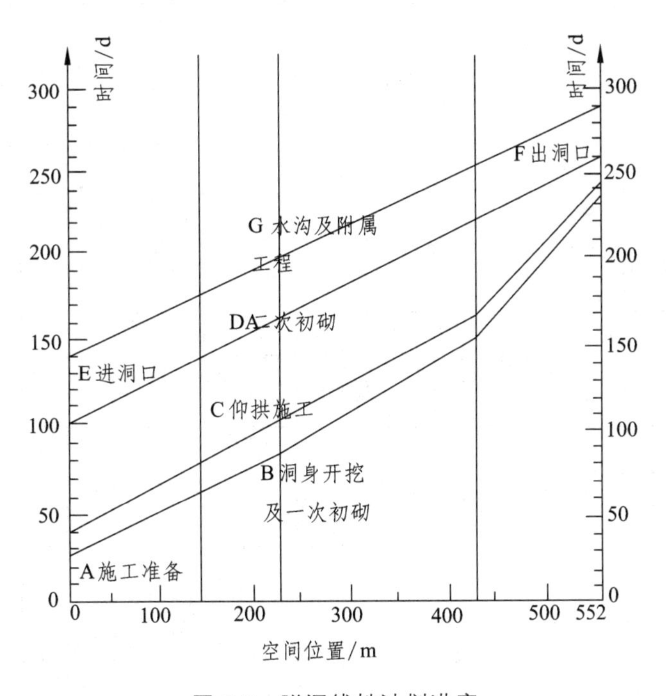

图 5-7　隧洞线性计划进度

第四步：计算相邻活动间参数 MB、LD 和 LSM 进度计划的关键线路 CAP。在该案例中，依据图 5-6 中所示的 MB 和 LD 的概念，计算相邻活动间参数 MB、LD，这些参数的计算或确定，是计算关键线路的基础工作。确定 LSM 进度计划的关键线路（Controlling Activity Path，简称 CAP），如图 5-7 中粗线所示。总工期为 290 d。

表 5-14　案例 LSM 计划中各活动基本信息

代号	活动名称	活动类型	开始位置（m）	完成位置（m）	相邻活动间时间步距 BB（d）	施工速率（m/d）	开始时间(d)	完成时间(d)	施工时间(d)
A	施工准备	条状	0	0	–	–	1	30	30
B	洞身开挖及一次衬砌	折线型全过程连续线型	0	150	$BB_{A-B}=0$	5	31	60	30
			150	230		4	61	80	20
			230	435		2.93	81	150	70
			435	552		1.33	151	238	88
C	仰拱施工	折线型全过程连续线型	0	230	$BB_{B-C}=10$	4	41	98	58
			230	435		3	99	166	68
			435	552		1.5	167	244	78
D	二次衬砌	全过程连续线型	0	552	$BB_{C-D}=60$	3.45	101	260	160
E	进口洞门	条状	0	0	$BB_{D-E}=0$	–	101	130	30
F	出口洞门	条状	552	552	$BB_{D-F}=0$	–	261	280	20
G	水沟等附属工程	全过程连续线型	0	552	$BB_{D-G}=40$	3.45	141	290	150

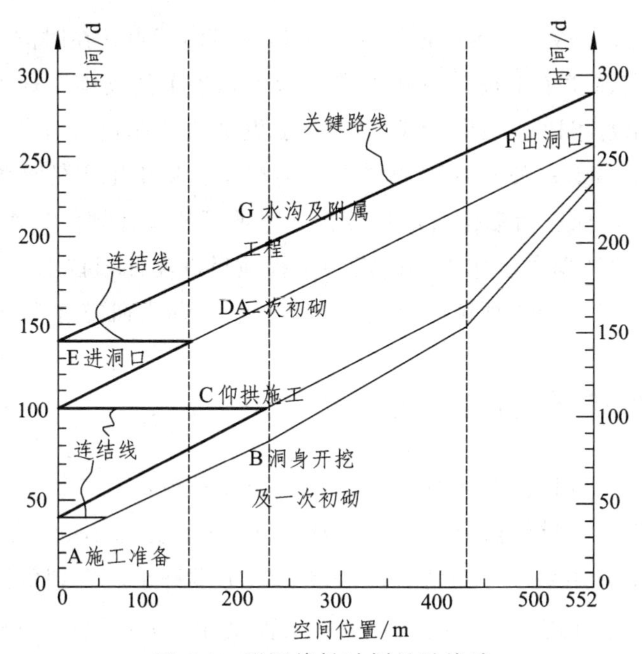

图 5-8 隧洞线性计划关键线路

对比甘特图与 CPM/PER 的编制，其中，甘特图的编制最简单，它只需要活动的开始和结束时间及施工的先后顺序，但是它提供的信息也比较有限。CPM/PER 在编制之前，需要编制者接受必要的培训，熟悉网络图编制的规则。编制正确的网络图还需要丰富的现场施工经验，以便建立合理的逻辑关系。应用于线状工程时，由于要节约工期，很多活动需要平行且连续的进行施工，有时会出现搭接网络，编制搭接网络计划对很多计划编制者来说都是一个挑战。但是可以借助相关的项目管理软件实现甘特图和网络图的编制。

编制 LSM 计划，需要了解活动的类型，开始和完成时间、开始和结束位置及活动之间的关系。通过以上几点就可以确定 LSM 进度计划图，活动之间的平行施工可以很容易表示出来，且不破坏施工的连续性。但是，与 CPM/PERT 一样，编制 LSM 进度计划也需要施工经验来确定工序施工的先后顺序及相关活动之间开始时的最小时间间隔。但是 LSM 方法目前还不能用软件实现。

对于像隧洞、高速公路、铁路、地铁等这样的线状工程项目，与 CPM

相比，线性计划方法 LSM 根据线状工程项目的特点，在时间、空间位置二维坐标上描述了工程项目施工进展情形和各个活动施工速度的快慢，与 CPM 计划相比，LSM 计划中包含了更多的工程施工信息。具有绘制简单、通俗易懂；便于计划的修改和调整，也易于工程的计划管理和控制；同时，能保证活动施工的连续性，保证了建设计划的效率是最优的。但 LSM 线性计划方法作为一门新的工程项目进度计划技术，其理论和实践的应用还有待于该领域的研究者和实践者不断去研究和实践。

5.6　线性工程平面施工规划研究

本输水工程由于施工线路长，建筑物种类多，工程量大，且涉及道路通行和运输、材料供应、储存、加工和调配、施工用电、生活、办公、生产辅助企业用房场地布置、弃渣场、施工供排水、管理资源分配等一系列问题，故在施工前，应综合考虑工程设计、工程质量、进度、安全、成本控制等要求，在前期大量仔细调研的基础上，制订科学合理的施工规划，这对后期施工作业正常有序开展是非常重要的。

本次研究将结合本工程实际情况，着重从保证工程质量、进度和施工成本控制的角度，探索线性工程平面施工规划要点及规划内容，总结经验，为类似工程提供参考借鉴。

5.6.1　平面施工规划前期工作

首先应熟悉工程设计图纸及其他设计文件，掌握工程基本信息、建筑物种类、工程量大小、通过地段等情况，接下来的调研工作应包括拟建工程场地或地段（包含周围环境）实地考察和市场调研两部分内容。通过实地查看，基本掌握施工交通、用电、用水、用地、通信、天然施工材料开采利用情况。通过市场调研，应掌握钢筋和钢材制品、水泥、商品混凝土、输水成品管材、施工机械等主要材料和设备的市场价格、供应情况和运输距离。前期准备工作的深入程度将直接关系到施工规划的科学性及合理性，是施工规划的前提条件。

5.6.2 线性工程平面施工规划原则

在前期准备工作的基础上，结合本工程实际情况，平面施工规划原则为：

（1）所有的生产临建设施、施工辅助企业及施工道路布置均按招标文件提供的各种条件在指定的施工场地进行规划布置。

（2）临建设施的规模和容量按施工总进度及施工强度的需要进行规划设计，现场部分工作面场地狭小，力求布置紧凑、合理、方便使用，规模适合，集中管理、调度灵活、运行方便、节约用地及安全可靠，以期降低工程造价，并尽量避免或减小对附近村民的生活造成干扰和影响。

（3）各施工场地及营区均按要求配置足够的环保设施及消防设施；根据绿色环保施工的需要，在进行场地规划时，布置足够的环保设施及绿化带；所有生产、生活设施的布置均体现安全生产、文明施工。

（4）在大方量明挖及混凝土浇筑施工中，要综合考虑施工程序、施工交通、施工安全、开挖爆破影响、均衡施工强度等因素。

（5）临时施工道路以现有的主干道路为依托布置。

5.6.3 线性工程平面施工规划

1. 生活福利、办公设施场地规划

一般情况下，发包人会在招标文件中提供生产生活用地规划，并要求调配施工人员的相应办公、生活福利等使用面积。承包人应在规定条件下，根据生产、生活需要，施工高峰期人数，施工进度和施工资源配置等情况布置项目部生活、办公用房及主要生产生活区用房。结合本工程实际情况，可以将项目管理部和 3 号营地设置在下干村，以便对整个项目进行集中管理，统筹规划。在年家湾与华树之间设置 1 号营地，于上干村设置 2 号营地（如图所示）。项目部和营地的设置，可满足管理人员、施工人员的生活需要，单个营地的覆盖范围约为 20 km，营地最远覆盖距离约 10 km，这对材料的存储、加工转运均较合理且经济性较好。

2. 生产辅助企业场地规划

如果发包人在招标文件中已有规划的，可按已有的规划用地布置砂石加工系统、混凝土拌和系统、钢木加工厂、金属结构厂、机械修理厂、仓库、试验室等设施。另外，为满足现场施工管理的要求，在施工现场设置现场值班室、现场检修间及临时停放场、变配电站、压风站、抽排水泵站及移动厕所等临时设施。储存炸药、雷管和油料等特殊材料仓库按国家有关安全规程的规定及监理人批准的地点修建。

3. 渣场规划

本工程中，发包人已经提供了弃渣规划用地，可供使用的弃渣场为沿引水枢纽沿线布置的21个弃渣场，渣场总容量为922 358 m^3。本合同范围内明渠、倒虹吸、泵站、引水隧洞等开挖的新鲜或弱风化岩石、作为本工程混凝土的骨料料源之一，集中堆放至附近渣场或直接进入骨料粗碎系统。本标土石方开挖约 101.11×10^4 m^3，其中土石方开挖约 89.49×10^4 m^3，石方洞挖约 11.62×10^4 m^3。在工程施工后将1#～40#明渠、1#～16#倒虹吸、1#～13#泵站、1#～10#渡槽开挖料中的 19.11×10^4 m^3 存放在附近渣场，用作明渠、渡槽、倒虹吸等部位的土石方回填，1#～15#引水隧洞中约 3.5×10^4 m^3 可用料直接运至附近的混凝土拌和系统就地加工；剩余各部位的 78.5×10^4 m^3 无用料运至就近的弃渣场存放。

4. 施工交通规划

龙开口电站水资源综合利用一期工程位于龙开口水电站大坝左岸，交通条件较好，工程施工区沿线有乡村道路通过。龙开口电站水资源综合利用一期工程途经片角、太极、涛源等乡镇地界，引水线路渠首距永胜县77 km，距昆明480 km；出口距永胜67 km，距昆明408 km。工程附近有祥云县至永胜县二级公路、县乡公路、乡村公路通过，可作为施工期间各施工点对外交通道路。为满足本工程施工需要，仍需新建（扩建）约50条临时施工道路至引水枢纽沿线各施工工作面。

5. 施工用风、水、电、油料及通信设施布置

1）施工用风规划

应根据现场地形位置，结合施工作业面分布、施工强度及施工机械设备的配置情况进行规划。本工程中，隧洞、倒虹吸施工供风以固定压风站为主，移动供风为辅，明渠及渡槽施工供风主要采用移动供风。为

了保证供风系统的供风压力，对较长的供风管路，在管道中部适宜的位置，还应设置储气罐对压缩空气进行临时储存维持管内风压。

2）施工供水、排水

通过现场踏勘，掌握山泉水的分布，经检验符合饮用水标准的，可以作为生活用水。本工程位于金沙江上游北岸，主体工程施工用水可采用高扬程取水泵从金沙江干流或支流中抽取。结合工程施工工作面及分布特点，在工程枢纽沿线布置一定数量的蓄水池，利用高扬程水泵从金沙江抽水到各水池中储存后再用管道接引到各用水作业面。如果施工进点期不通电，抽水站不具备运行条件时，可在施工现场设置临时储水池，采用水车运水。

为了及时引排雨水、施工废水及其他废水，施工场地内应设排水沟，排水沟结合场地开挖布置，施工场地内排水通过排水沟汇集集水井。在边坡开挖线外设截水沟，截水沟采用浆砌石砌筑。截水沟走向沿坡面实际地形布置，保证沟内水流畅顺，直陡坎处设跌水坎。

3）施工供电

若发包人已提供永久施工输电线路或电网的，可直接接引供给使用，输电线路或电网未覆盖的施工作业面，应将永久用电与临时供电进行技术经济方案对比，按最优方案确定供电方式。供电系统应考虑建筑物种类及分布、用电设备及施工高峰期用电负荷等因素进行布置。为提高施工供电质量，使功率因数大于0.9，可在供电覆盖范围较大的变压器低压侧配置并联补偿装置。为防短路和雷电波损坏设备，变压器配置一组避雷器和一组跌落式熔断器并接地。为防止永久供电线路意外停电故障，应在对工程质量、施工安全和工程进度影响较大的施工场地内布置一定数量的临时备用电源。

4）施工通信系统

通过调查，枢纽工程区无线通信信号良好的，施工期可采用无线通信方式。设置程控电话（含传真机）以解决对外通信联络，场内通信可配备成对对讲机以确保各生活区、生产区、施工区的联络；其中，现场调度和应急通信可由对讲机完成。通信电缆的敷设应满足相关规范的要求。

6. 仓库规划

仓库尽量布置在各生产生活区施工场地内，用以存放各种机械零配件、工器具、小型施工设备等，以保证施工正常开展。油料库应布置在用油相对集中的施工面附近，油料库内设油罐储油，再配置油罐车流动对各工作面的大型施工设备加油。炸药、雷管等特殊材料的存放及仓库布置还应满足国家有关安全规程的规定。

7. 试验室规划

试验室最好布置在试验检测工作量较大的材料堆场或加工场区内，并在施工现场设置试验室临时试块存放间，以减少试件搬运距离。

8. 砂石料生产系统布置

在规划前期准备工作的基础上，初步掌握天然砂石料的分布、储藏、开采条件等情况，可以利用的应优先加以利用。开采、加工成本较高的，或天然材料不能满足施工需要的，可考虑就近购买。对可以开采利用的天然砂石料，应结合施工进度计划、工程需求量等因素建设和布置砂石生产系统和管理系统。砂石料开采期间还应注意最大程度较少对河流岸坡、河道、周围环境的影响破坏程度。已造成环境破坏的，工程完工前应尽量恢复，对破坏的耕地，应恢复到可以复垦的标准。

9. 混凝土生产系统布置

混凝土生产系统布置应最大程度涵盖工程枢纽沿线所有建筑物，对因交通不便或运输距离远的施工面，可采用现场设置临时搅拌站进行拌和。正如前面所述，混凝土的生产质量和浇筑质量对工程总体质量影响较大，其分项工程量对工程成本也有很大影响。在进行混凝土拌合站布置时，应综合考虑以下因素：（1）混凝土原材料的供应。应尽量减少原材料的搬运距离且避免发生二次搬运。（2）涵盖范围。条件允许时，拌合站应尽量涵盖所有施工工作面，如果在施工场区内拌合混凝土，将会产生很多额外费用，引起施工成本增加，这对成本控制是不利的。确因交通原因无法集中供应混凝土的，方可考虑设置临时搅拌站拌合。（3）混凝土运输距离。如果拌合站离施工工作面远，混凝土于初凝前不能到达工作面，前后两次浇筑的混凝土接缝不严即产生冷缝，将对有防渗要求的混凝土构件质量产生不利影响。另外，随着运输距离的增加，混凝土在输送途中有可能发生泌水、浆骨分离等现象，也会对混凝土质量产生不良影响。（4）建筑物种类及工程量大小。拌合站应尽量靠近混凝土需求量大且集中的拟建建（构）筑物附近。

考虑上述因素，结合本工程实际情况，工程枢纽沿线共布置 3 个混凝土集中拌合站（如图所示）。各拌合站的覆盖范围 20 km 左右，最大涵盖距离约 10 km。通过施工证明，这种布置能较好地满足工程需要。

平面施工规划是于施工前对工程实施的一种构想和预先安排，工程开工后，现场实际情况与预先的构想可能不一致甚至矛盾冲突，故在施工规划执行过程中，应根据施工现场实际情况调整规划，不断优化改进，同时总结经验教训，使所制订的施工规划与实际情况更加吻合，真正为工程施工的有序开展提供指导意义。

5.7 线性工程经营要点策划、风险评估与预测

类似输水工程等线性工程由于建筑物分布线路长，涉及建筑物种类多，分部较广，同时单位工程造价受到限制，管理成本投入较大，造成成本控制较为困难。故有必要进行主要的经营要点策划，经营风险评估和预测。

5.7.1 经营要点策划

工程里程长、建筑物种类多、分部分项繁杂、管理分散、材料供需不平衡的线性工程，可采用前述“ABC 分类法”先分析确定对整个项目起控制作用的施工合同条件和施工项目，一般施工项目和次要施工项目，然后再有针对性地进行项目经营要点策划。经分析研究，本输水工程的经验要点主要为施工合同条件（尤其是合同专用条款）、项目管理模式、项目组织机构、项目管理目标、主要施工方案等。

5.7.2 经营风险评估和预测

1. 合同条件

主要从合同实物工程量、项目主要条件及合同条款和合同执行的重

点、难点、关键点进行风险评估。结合本工程实际情况，合同风险分析如下：

1）合同执行重点预测

（1）合同工期进度的控制。

（2）分包策划及施工队伍的选择和管理。

（3）安全管理及风险评估。

（4）施工质量控制。

（5）施工管理成本的控制。

2）合同执行难点预测

（1）施工线路长（65.7 km），且工程线路穿过村庄较多，施工干扰较大，线路沿线设计变化比较大，并且施工安全管理较为困难；

（2）施工工期短工程量较大并且施工项目较多；

（3）隧洞工程比例较大，并且围岩较差，Ⅳ类围岩约占 12.76%；Ⅴ类围岩约占 57.56%，开挖过程不确定因素较多，超挖超填量大。

（4）部分隧洞长（如 12#隧洞长 4 158 m），仅有 1 个施工支洞，独头工作面长，施工内容较多，施工进度保证较为困难。

（5）因施工线路长，水电规划及布置较难且成本较高。

（6）因施工处鲁地拉电站库区内，初设所指定的砂石料场将随鲁地拉电站的蓄水位增高而被淹没无法再使用。

（7）因输水线路长，项目多，需考虑的施工队伍较多，并且部分项目施工难度较大如隧洞开挖及支护难度较大需选择实力较强技术专业的队伍进行施工。

3）合同执行关键点预测

（1）12#、9#隧洞工程的施工进度控制。

（2）分包项目的规划及分包队伍的选择。

（3）施工安全及质量的管控。

（4）施工成本的控制。

4）针对重点、难点及关键点的对策

（1）根据工程特点科学进行施工规划，尽可能地利用现有资源，道路及生产设施布置尽可能的考虑一路多用，一站多用。

（2）分析工程施工关键线路，针对关键线路拟定技术和安全措施，并严格执行。

（3）隧洞围岩非常差，开挖支护将尽可能地采用或探索新工艺来保证安全及施工进度和质量，并且施工队伍需有较强的开挖及支护专业能力，严格控制开挖断面并加强安全管理。

（4）合理进行资源配置以免资源配置过剩增加施工成本。

（5）制定严密的安全、质量管理制度并严格执行，尽可能地消除安全风险。

（6）在河滩料未被淹没前（鲁地拉电站下闸蓄水淹没库区内的天然砂石料场）尽可能的提前进行开采囤积。

（7）制定严格的材料、物资采购及管理制度，认真做好材料及物资采购计划，并加强材料及物资在使用过程中的管理及监督。

（8）对已穿过村庄或紧挨房屋的输水线路进行优化，建立安全防护措施，以减少干扰和保证居民安全。

2. 项目管理模式

根据工程实际情况，管理模式初步定位为：以分包施工为主、关键工作由项目部组织人员为辅的施工作业层，以职能部门为管理层、项目班子为决策层的管理型项目组织框架经营管理模式。按工期进度要求、各工序关联性、施工先后顺序等实际情况，施工工程可采用划块分包形式，明渠及隧洞采用专业分块分包，渡槽、泵站及倒虹吸金属结构由于专业性较强采用组建专业的施工队伍施工。即明渠及隧洞的开挖、支护、衬砌分块后由一家队伍施工，组建几家专业的队伍施工全线的渡槽、泵站及倒虹吸金属结构。管理模式带来的潜在风险预测：

（1）分包单位多，协调难度大，项目部管理资源需求大，管理成本增加。

（2）各分包单位自身管理水平和技术能力参差不齐，造成项目部对工程整体质量、进度、安全、成本管控难度大。

（3）施工高峰期，施工资源需求量大，材料供应集中，资金需求量大。

3. 项目组织机构

项目部组织机构一般由决策层、管理层和作业层组成。采用项目经理负责制，按照各层分离的原则，实行“队为基础、两级管理、一级核算”的运行模式，以适应施工组织需要。风险预测：

（1）各层级管理人员的专业执业能力。执业能力有限，将会对工程管控造成严重影响。

（2）管理人员的执业道德和责任感。管理人员行为不端，责任感不强，一方面会影响企业的廉政建设，从而影响企业形象；另一方面会为工程质量、进度、安全、成本控制卖下隐患。

（3）各管理层之间的工作运行机制。机制健全，工作职责明确，沟通渠道通畅，则管理工作能顺利开展，否则将造成管理不畅甚至混乱，降低管理效率，浪费管理资源。

4. 项目管理目标

1）施工总进度目标

原则上以合同条件为准，制订施工进度计划。从施工过程的组织保证、技术管理、质量管理、施工资源管理、安全管理和关键项目进度保证专项措施等方面保证施工总进度目标的实现。期间风险预测：

（1）由于线性工程施工线路长，且多数建筑物位于山区地区，工程可能穿越较多村庄，导致协调难度大，施工干扰因素多，致使项目停滞而造成工期延误，甚至有可能成为制约施工总进度目标实现的最大不可控因素。

（2）地质勘查、设计文件和合同条件中并未规定施工超前地质预报，开挖过程中可能出现地下水埋藏情况、断层破碎带分布、围岩类别、土挖与石挖段、地基与边坡稳定性等与设计文件或合同条件不一致的情况，不确定因素多，超挖超填工程量增加而导致工期延长。

（3）对部分长隧道（如本工程中的12#隧洞长 4 158 m），仅有 1 个施工支洞，独头工作面长，施工内容较多，施工进度保证较为困难。

（4）因施工处鲁地拉电站库区内，初设所指定的砂石料场将随鲁地拉电站的蓄水位增高而被淹没无法再使用，后期需重新规划砂石料的来源供给，这也为目标工期的实现带来一定风险。

2）经营目标

由于本项目承包方式为建设-移交（BT）模式，中标人负责本项目所需部分资金的投融资和建安工程施工总承包工作，由于项目是政府工程，最终完成工程额突破投资的可能性不大。对此，应做好项目经营期间的盈亏风险评估和预测。

（1）盈利点分析。

① 总价承包项目中的临时及永久道路施工项目。在合同工程量清单中，施工临时及永久公路里程合计 29.9 km。根据项目现场实际踏勘情况，大部分工作面、料场已经有临时便道，填挖量不大，另一方面，由于下游梯级电站蓄水，原有公路被淹，目前外单位正在修建一条永久沥青道路，该道路离本项目引水工程施工沿线较原有公路更近。因此，相对于合同中的临时及永久道路施工项目（总价项目，29.9 km，合同额 919 万），我方在项目实际实施中寻找优化方案，不需修建 29.9 km。

② 投标报价中基础价格报价情况相对较好，如主材水泥预算价格 560 元/吨，从现场实际询价的情况看，剑川县水泥出厂价格 338 元/吨，运费为 0.6 元/吨·千米，到达工地价格约为 480 元/吨，该价格相对投标报价格略有盈余。本项目施工沿线离金沙江距离不远，目前河砂储量较大，根据初步考察了解，河砂价格相对投标报价格也有盈余。

③ 基础处理项目及锚固工程项目，如锚杆和超前小导管，有一定的利好空间，主要看今后业主对此的介入干预程度。合同工程清单中，锚杆 112 329 根，超前小导管 23 471 根。在项目实施过程中需着重在地质缺陷、设计变更等方面做工作，争取突破该项目工程量。

④ 部分项目综合报价情况相对较好，如土方明挖、石渣回填等项目，关键在于分包价格的实际控制效果。

（2）亏损点分析。

① 1#暗涵工程土方开挖合同价格 3.24 元/立方米，工程量为 82 020 m^3。该项目单价作价原则为现场挖掘、就近堆放。合同报价明显低于分包成本价，考虑上交、税费和物价因素该分项工程预计将亏损近 80 万元，需考虑调整弥补的费用来源问题。

② 12#隧洞（断面尺寸 2.1 m×2.853 m），因隧洞长、断面较小，通风排烟困难，无轨出渣设备不适用，因此采用有轨出渣，拟投入 2 台履带式扒渣机，4 台电瓶矿车及 3 000 m 轨道，设备价值预计约 420 万元（不

含风水电投入)。该条隧洞洞挖施工合同额约为592万元，投入设备和施工成本与产值完成额不匹配，该部分亏损需考虑调整弥补的费用来源问题。应对措施：通过施工优化设计，增加一条施工支洞，使工作面长度缩短，使用无轨出渣方式，降低施工设备成本投入。

③ 部分安装分项工程报价，因计费基数的不同，装置性材料仅计税金，其他利费仅以安装人工费为基数取值。因此，在计算产值上交利费时将增加该部分项目管理成本，在间接成本策划时需要充分考虑该问题。

④ 在报价税金的计算上，地方税务部门是以施工单位所取得的全部营业收入为应税基数计算营业税的，而报价税金是以税前造价为基数计算的，从而形成税中税的差额40多万元，需考虑调整弥补的费用来源问题。

⑤ 人工费工资上涨。省人力资源和社会保障厅发出《关于调整最低工资标准的通知》，从5月1日起，调整我省最低工资标准。本工程所在地月最低工资标准调整为955元。同时，小时最低工资标准调整为9元。较之前的最低工资标准均有提高。

5. 主要施工方案

1）项目施工总布置方案策划

这部分内容在施工平面规划中已有论述，在规划实施过程中，结合工程的规模、特点、施工环境、施工条件以及企业类似工程的经验进行科学、便捷、适用、和谐的原则进行适当调整。本着既有条件可满足施工需要的决不新建、工作面位于村庄附近的，施工用水、用电能与村民协调解决的，就近加以利用的原则，最大程度节约施工成本，开源节流，规避成本风险。

2）主要施工技术方案确定

本工程合同项目分土建和金属结构安装两部分。土建部分：整条输水干渠线路总长67.335 km，共布置有40条明渠、15条隧洞、10座渡槽、16座倒虹吸。金属结构制安部分：金属结构由输水渠道沿线阀门和闸门组成，共设111套闸门、阀门，其中37个阀门、74扇整体成套铸铁闸门。

结合工程的特点及施工重点难点确定针对性的技术方案，经分析本工程施工主要技术方案需充分考虑以下两个方面：

（1）明渠、渡槽及倒虹吸管施工。

明渠、渡槽及倒虹吸管等建筑物的施工线路长，但单位长度工程量较小，最大风险源为土石方开挖的组织形式、开挖方法及混凝土的供应方式是否合理。

（2）隧洞施工。

输水隧洞施工是整个工程施工的难点和施工进度控制的重点，输水隧洞共计 15 条，总长 15.61 km，Ⅲ类围岩约占 29.67%；Ⅳ类围岩约占 12.76%；Ⅴ类围岩约占 57.56%。施工方法及施工工艺尤为重要。由于掌子面前方地质情况复杂多变，风险主要来自于施工过程中不可控因素多，导致超挖超填量增加，超前支护工程量加大。部分隧洞通过粉砂岩层地段，由于粉砂岩遇水易崩解软化，被迫采用有轨出渣技术而引起施工成本增加。

6. 其他

不均匀地基的不利影响。由于枢纽工程沿金沙江上游北岸坡脚分布，部分渡槽的支墩基础以第四纪坡积物或冲沟洪积扇为持力层，持力层土的均匀性较差，有可能导致渡槽支墩基础的不均匀沉降，引起渡槽开裂甚至发生较大位移而影响正常使用。

潜在的边坡失稳对建筑物的不利影响。部分明渠和渡槽位于陡峭的边坡坡脚或坡脚附近，一旦边坡失稳，将会对这部分建筑物产生严重影响，甚至有可能完全被摧毁。因此，一方面应加强施工期间边坡位移的监测，同时还应进行边坡稳定的理论分析研判，对确有潜在失稳的边坡应进行工程加固治理，以保证工程结构物的长期正常使用。

5.8 结论与建议

水利枢纽线性工程由于施工面广、工程量大、线路长、建筑物种类多，分部分项工作繁杂，分包单位多，且涉及土地征用、占用、赔偿等社会问题，施工过程中必然面临许多新问题，管理难度很大。对此，提供以下关于线性工程施工管理的建议，供类似工程参考借鉴：

（1）重视思想动员、宣传教育工作的重要性。通过思想动员和宣传教育工作，应使工程沿线老百姓理解水利工程是一项利国利民、惠及子孙后代的公益性工程，应使其树立“舍小家、顾大家”的顾全大局意识，只有得到老百姓的理解和支持，才能为工程建设扫清障碍，使工程的施工得以顺利开展。

（2）对于小型的水利枢纽工程，承包方式采用 DB 模式（即设计建造模式）比采用 BT 模式（及建造移交模式）更有利于工程建设的高效、顺利推进。

（3）线性工程应依据自身特点，于开工前期做好施工规划研究，并进行经营要点策划、风险分析与预测，将各种对工程施工的影响因素纳入可控范围，避免工程质量、进度、安全、成本风险全面失控。

（4）线性工程质量管理，质量管理体系的建立是前提条件，组织保证是重点，监测、检测控制方法是关键。条件具备时，最好建立企业-项目部-总工程师的三级质量控制体系，并执行 PDCA 循环工作模式，持续改进和提高工程质量管理水平和能力。

（5）线性工程进度管理，除采用成熟的甘特图和网络计划技术外，应积极探索 LSM 技术（即线性规划方法）在线性工程管理中的应用，并积累经验，使管理工作更加高效。

（6）线性工程安全管理，首先应贯彻“全员参与”的指导原则，其次应对设备、工艺、操作等各环节中可能产生的危险源进行识别，并制订相关安全操作规程，建立完善的安全管理体制，并在具体工作中严格执行、落实。最后，还要重视安全教育、培训工作，树立“安全无小事”的工作意识，对安全事故所产生的恶劣社会效应有清醒认识，保持警钟长鸣。

（7）线性工程成本控制，由于工程自身特点，使其成本控制，尤其是精细化的成本控制是极其困难的。故在工程开工前，除应用常规方法充分做好成本预算与成本控制工作外，尚应结合线性工程的特点，积极探索并应用成本控制的一些新方法、新理论为成本控制服务。通过本文研究，“ABC 分类法”“价值工程”等方法对线性工程的施工成本控制不失为一种较为可行的方法。

（8）重视专家系统建设，由于线性工程施工线路长，可能跨越不同的地质地貌单元，通过复杂多变的地质环境，施工过程中难免出现各种技术疑难问题，专家支持决策系统能提供更为可靠的解决方案或建议，更好地为工程建设服务。另外，利用“价值工程”方法进行施工成本控制，采用“头脑风暴法”，也需要专家打分，分析才能得以进行。

（9）创新管理方法和手段，提高施工的信息化水平，这是施工企业发展的内在要求和驱动力，也是企业可持续发展和提高竞争力的有效途径。

至此，我们利用龙开口电站水资源利用一期工程为例，对小型水利枢纽工程一类的线性工程施工管理进行了初步的研究和探索，将“ABC分类法（又称帕累托法）”、“价值工程”方法、LSM技术引入线性工程施工管理，分析研究表明，这些方法在线性工程管理中是有一定价值的，在工程质量、进度、安全和成本控制工作中有一定的积极意义。但这些方法的准确性和可靠性尚需类似工程的实践检验。此外，线性工程由于其复杂性、多变性，涉及面广，相应的施工管理方法仍有待系统、深入研究。

参考文献

[1] 陈国庆，冯夏庭，周辉，等. 锦屏二级水电站引水隧洞长期稳定性数值分析[J]. 岩土力学，2007，28（S1）：417-422.

[2] 王淑建，杨延忠. 渔子溪水电站引水隧洞震损裂缝修复施工综述[J]. 四川水力发电，2010，24（S1）：124-127，168.

[3] 李军. 天生桥一级水电站引水隧洞预应力环锚施工技术[J]. 四川水力发电，2000，9（3）：36-38，65.

[4] 李建录. 冯家山灌区美水沟水库溢洪道隧洞土方开挖安全施工措施探讨[J]. 陕西水利，2011，169（2）：159-160.

[5] 赵利军，吴佳坤，乔铭. 引滦入津输水隧洞混凝土裂缝处理探讨[J]. 科技情报开发与经济，2010，7（15）：182-184.

[6] 吴勇. 福堂水电站引水隧洞岩爆防治施工技术[J]. 四川水力发电，2003，21（2）：91-94.

[7] 韩涛. 世界最长输水隧洞在辽宁全线贯通[J]. 中国地名，2009，1（5）：39.

[8] 苏曼. 湿陷性黄土区域输水隧洞下穿高速公路施工方案[J]. 山西水利科技，2017，23（1）：4-6.

[9] 卢传亮. 输水隧洞衬砌混凝土常见质量通病及防止措施[J]. 山西水利科技，2017，20（1）：18-20.

[10] 王秀红，王建民. 输水隧洞提前通水论证[J]. 东北水利水电，2017，35（1）：66-67.

[11] 王志国，顾小兵，程子悦，等. 西江引水工程盾构输水隧洞设计[J]. 水利水电工程设计，2016，35（1）：1-3.

[12] 胡精美. 大伙房水库输水隧洞工程施工方法应用探析[J]. 吉林水利，2015，41（10）：60-62.

[13] 周红. 浅埋有压输水隧洞运行状态分析[J]. 水利建设与管理，2015，

35（11）：69-74.

[14] 张铁. 观音阁水库输水隧洞工程设计与细节施工分析[J]. 中国水能及电气化，2015，17（10）：49-52.

[15] 雷金华. 复杂地质条件城市供水工程输水隧洞施工实践[J]. 山西建筑，2016，42（32）：190-192.

[16] 杨武，谭剑波. 天生桥水库输水隧洞安全复核及除险加固设计[J]. 浙江水利水电学院学报，2016，28（4）：36-39.

[17] 慕鑫伟. 论注浆堵水施工技术在输水隧洞工程中的应用[J]. 山西水利科技，2016，20（2）：32-34.

[18] 殷娟，曹生荣，秦敢，等. 输水隧洞预应力衬砌环锚锚索二次张拉施工技术[J]. 水电能源科学，2015，33（7）：121-124.

[19] 宋晓明. 菩萨庙水库输水隧洞除险加固设计[J]. 水利规划与设计，2015，14（6）：94-96.

[20] 陈永彰，艾明岩，高严. 无压输水隧洞分流控制技术研究[J]. 水利规划与设计，2016，7（12）：72-75.

[21] 尹志灏，何勇军，徐海峰. 输水隧洞施工过程数值模拟及参数反演[J]. 水电能源科学，2016，34（11）：116-119.

[22] 张奇. 输水隧洞盾构穿越轨道交通结构安全稳定分析研究[D]. 北京：清华大学，2015.

[23] 马海洪，王建峰. 浅谈巴贡水电站引水发电洞群施工管理[J]. 低碳世界，2014，63（21）：133-135.

[24] 周春宏，甘小泉. 锦屏二级水电站引水隧洞施工管理[J]. 科技通报，2015，31（7）：33-36.

[25] 任够平. 山西大水网隧洞施工危险源及事故防治[J]. 隧道建设，2013，33（11）：964-970.

[26] 罗福进. 水利隧洞施工技术管理的重点[J]. 江西建材，2016，11（17）：135，140.

[27] 董忠云. 水电站大坝施工安全管理问题分析[J]. 黑龙江水利科技，2014，42（2）：237-238.

[28] 李文富，伊长友，狄鑫卓. 大伙房水库输水工程 TBM 施工管理方

法[J]. 华北水利水电学院学报，2011，32（4）：61-64.

[29] 李龙. 引水隧洞施工质量控制措施[J]. 农业科技与信息，2016，4（23）：141-142.

[30] 刘建铭. 水利水电工程施工中隧洞钻孔爆破技术研究[J]. 建材与装饰，2015，20（46）：235-236.

[31] 陈怀均. 两河口水电站导流隧洞施工安全生产管理探讨[J]. 四川水利，2013，34（5）：33-36.

[32] 高红松. 锦屏二级水电站 4#引水隧洞边顶拱先行混凝土施工管理[J]. 四川水力发电，2015，34（S2）：52-54.

[33] 于文琳，栗嘉琨. 基于 FMEA 的穿黄隧洞施工风险管理[J]. 价值工程，2016，35（2）：70-71.

[34] 康建荣，张彬，胡金火. 线性工程施工管理在南水北调中线元氏Ⅱ段工程的应用[J]. 河北水利，2013，15（2）：37.

[35] 魏永华，杨箫. 复杂地质条件下特大断面隧洞开挖施工技术探讨[J]. 贵州水力发电，2008，7（1）：40-43.

[36] 杨玉银，蒋斌，刘春，等. 隧洞开挖爆破超挖控制技术研究[J]. 工程爆破，2013，13（4）：4，21-24.

[37] 李兵. 激光测量技术在大型隧洞开挖测量中的应用[J]. 水电站设计，2012，28（S1）：22-25.

[38] 董锋，汪金. 水电站导流洞开挖施工技术研究[J]. 低碳世界，2016，16（34）：107-108.

[39] 李波，吴立，左清军，等. 复杂地质条件下特大断面隧道施工工法及其循环进尺参数的优化研究[J]. 安全与环境工程，2014，21（4）：159-164.

[40] 潘从贵. 拱座深基坑爆破开挖施工技术[J]. 交通科技，2016，18（5）：31-34.

[41] 纪鹏. 关于输水隧洞施工支护技术的探索分析[J]. 黑龙江水利科技，2014，42（8）：97-99.

[42] 李建华. 地下输水隧洞施工支护技术的研究分析[J]. 江西建材，2016，35（17）：76.

[43] 方创熙. 隧道支护技术研究进展综述[J]. 广东科技，2008，19（16）：26-27.

[44] 许宇栋. 地铁隧道下穿建筑物时超前支护方法研究[D]. 绵阳：西南科技大学，2016.

[45] 李万宁. 基坑支护方法对比研究[J]. 山西建筑，2016，42（14）：72-73.

[46] 贾宏俊，王辉. 软岩大变形巷道刚柔结合支护方法研究[J]. 中国安全生产科学技术，2015，11（10）：11-16.

[47] 罗德志. 关于软岩隧洞支护中预紧力锚杆应用探讨[C]//工程技术：文摘版. 中国水利水电出版社，2013：546-551.

[48] 潘一山，肖永惠，李忠华，等. 冲击地压矿井巷道支护理论研究及应用[J]. 煤炭学报，2014，39（2）：222-228.

[49] 邵政权. 隧洞斜井无轨出渣技术研究[J]. 陕西水利，2014，14（3）：71-73.

[50] 李文富，黄兵. 大伙房水库输水工程隧洞 TBM 施工出渣技术研究与应用[J]. 水利建设与管理，2007，27（5）：30-33.

[51] 唐志林，曲长海，陈铁仁. 大伙房水库输水工程隧洞连续皮带机出渣技术[J]. 水利水电技术，2006，10（3）：34-35.

[52] 王克忠，秦绍坤，梁其东，等. 沭水东调小断面长距离引水隧洞通风技术研究[J]. 浙江工业大学学报，2016，44（5）：533-537.

[53] 张高锋. 机械顶管电瓶车出渣技术研究[J]. 中国新技术新产品，2016，32（18）：102-103.

[54] 戴洪伟. 全断面黏土地层泥水盾构改造及高效环流出渣技术研究[J]. 铁道标准设计，2015，59（10）：103-108.

[55] 王联军，韦孟康. 巴基斯坦阿莱瓦水电站引水隧洞分级接力出渣施工技术[J]. 红水河，2015，34（5）：11-14，19.

[56] 杨庆辉. 地铁 TBM 施工出渣方式优化探讨[J]. 国防交通工程与技术，2016，v. 14； 17（5）：26-29.

[57] 范水木. 双洞平行开挖轨道出渣施工技术探讨[J]. 福建建筑，2012，15（3）：76-77.

[58] 马治安. 小议某输水隧洞的施工安全管理[J]. 建筑安全，2014，29（9）：38-40.

[59] 沈思东. 水利输水隧洞工程施工安全管理存在的隐患与应对措施初探[J]. 法制与经济（中旬），2014，34（2）：117，119.

[60] 肖义球. 引水隧洞工程施工监理[J]. 黑龙江水利科技，2015，43（7）：73-75.

[61] 崔刚，焦全喜. 浅议小型有压引水隧洞施工风险管理[J]. 四川水利，2008，17（5）：46-47.

[62] 杨玉银，宁赞桥，谢和平，等. 许岙隧洞开挖施工技术与管理[J]. 山西水利科技，2009，9（3）：4-6.

[63] 徐建新. 小断面长隧洞施工管理[J]. 甘肃农业，2012，39（10）：80-82.

[64] 丁春富，胡茂红. 丰潭引水隧洞开挖进度与施工管理的实践[J]. 浙江水利水电专科学校学报，2000，21（4）：58-60.

[65] 洪坤，余佳，刘震，等. 基于改进 PERT 的输水隧洞施工进度风险分析[J]. 天津大学学报（社会科学版），2015，17（2）：122-128.

[66] 王波. 隧洞施工安全管理及控制措施[J]. 山西水利科技，2017，20（1）：87-88，93.

[67] 王天西，熊雄，尹志超. 锦屏二级电站超长隧洞钻孔灌浆施工管理[J]. 四川水利，2015，36（5）：84-87.

[68] 雷叶. 全过程动态仿真技术在工程管理中的应用[J]. 电子测试，2014，29（12）：158，159-160.

[69] 陈红杰. 线状工程三种进度计划与优化方法研究[D]. 兰州：兰州交通大学，2013.

[70] 刘荣自. LSM 计划技术在线状工程项目工程管理中的应用[J]. 扬州职业大学学报，2016，20（1）：34-37.

[71] 刘军生，石韵，王宝玉，等. BIM 技术在施工管理中的应用研究[J]. 施工技术，2015，44（S1）：785-787.

[72] 孙孟毅. 基于 LSM 的中国铁路施工变速率进度计划编制模型研究[D]. 北京：北京交通大学，2015.

[73] 王代兵，谢吉勇. BIM 在施工管理中的应用研究[J]. 建筑与预算，2014，26（4）：5-7.

[74] 李擎. 基于 LSM 的中国铁路集中修进度计划编制模型研究[D]. 北京：北京交通大学，2013.

[75] 王瑞丰. 线状工程项目建设中测量控制网布设及其测量实践方式[J]. 统计与管理，2014，20（3）：144-145.

[76] 杨坤，简汉佳. 基于稳健估计的 GPS 水准在线状工程中的应用[J]. 测绘通报，2014，41（10）：57-59.

[77] 陈红杰. 工期变化时 CPM 方法与 LSM 方法在线状工程中的适用性研究[J]. 项目管理技术，2013，11（2）：55-60.

[78] 周吉顺，石文彦. 南水北调中线干线工程漕河渡槽项目关键施工技术综述[J]. 水利水电工程设计，2014，33（4）：15-17.

[79] 蒲文明，陈钒，任松，等. 膨胀岩研究现状及其隧道施工技术综述[J]. 地下空间与工程学报，2016，12（S1）：232-239.

[80] 王维琳. 地铁工程深基坑施工技术综述[J]. 天津建设科技，2015，25（S1）：28-29.

[81] 许强. 包西铁路跨区间无缝线路施工技术综述[J]. 包钢科技，2012，38（2）：71-73.

[82] 吴晓虎. 输水管线工程中土石方填筑施工技术综述[J]. 黑龙江水利科技，2016，44（4）：201-203.

[83] 魏百术，惠世前. 复杂地质条件下盾构隧道施工技术综述[J]. 水利水电施工，2016，15（5）：48-54.

[84] 黄琦. 水利水电基础工程施工技术综述[J]. 民营科技，2012，15（10）：245.

[85] 刘金玲. 农田灌溉防渗渠道施工技术综述[J]. 农业与技术，2015，35（8）：25，27.

[86] 白金剑. 基于新奥法施工隧道支护时机的模拟研究[D]. 石家庄：河北工程大学，2012.

[87] 魏世玉. 隧道新奥法施工监测系统的研究与应用[D]. 重庆：重庆大学，2013.

[88] 宋旭亮，徐娇．新奥法在超深竖井施工中的应用[J]．水利与建筑工程学报，2013，11（1）：148-150，154.
[89] 魏天刚．新奥法隧道施工技术[J]．价值工程，2013，32（5）：108-110.
[90] 孙文，岳大昌．隧道工程新奥法原理、施工与存在问题浅析[J]．公路交通技术，2012，19（2）：98-100，105.
[91] 赵双要，齐庆松，王林．有轨出渣系统在龙门供水工程 2#支洞斜井施工中的应用[J]．内江科技，2014，35（6）：42，46.
[92] 陈霞，潘志钢，杨胜．隧洞施工斜井有轨运输出渣系统设计[J]．东北水利水电，2013，31（1）：10-12.
[93] 王慧斌．长距离引水隧洞皮带机出渣系统管理[C]//水与水技术（第4辑）.2014，10（2），：19-23.
[94] 魏峰，李腾飞．浅谈矿井出渣系统优化研究与实施工程[J]．科技与创新，2015，36（12）：87，91.
[95] 邸晓磊．岩巷掘进出渣系统的改造[J]．山东工业技术，2015，22（20）：82.
[96] 宋伟峰．水利工程质量管理综述[J]．科技信息，2012，17（25）：330.
[97] 杨婷惠，张西平．风险管理综述及前沿[J]．四川建筑，2015，35（3）：293-294，297.
[98] 熊雄．长河坝水电站工程建设管理综述[J]．水力发电，2016，42（10）：1-4.
[99] 唐亚明，冯卫，李政国，等．滑坡风险管理综述[J]．灾害学，2015，30（1）：141-149.
[100] 邵慧欢，付小培，李红星．水利工程项目动态风险管理综述[J]．河南水利与南水北调，2015，28（16）：78-79.
[101] 杨波，马旺军．水库大坝风险管理综述[J]．杨凌职业技术学院学报，2014，13（3）：5-7.
[102] 王晖．沐若水电站工程施工管理综述[J]．湖南水利水电，2015，20（6）：1-6，9.
[103] 王毅，王吉僧，李梦森，等．龙开口水电工程建设实施阶段造价管

理综述[J]．水力发电，2013，39（2）：9-11.
[104] 王显华．海南省大隆水利枢纽工程建设管理综述[J]．水利科技与经济，2013，19（2）：52-54.
[105] 连勇. 浅谈 BIM 管理模式的优势和现状[J]. 建材技术与应用,2015，18（6）：53-54.
[106] 穆楠. 基于 BIM 管理模式的工程造价控制分析[J]. 科技展望,2017，27（1）：24.
[107] 刘荣自．基于 LSM 的线状工程项目多目标优化研究[D]．华东交通大学，2012.
[108] 金向红．探究水利工程施工管理的特点及质量控制办法[J]．门窗，2015，7（1）：178，181.
[109] 刘淑军，苏红伟，金海玲，等. 引滦明渠护砌工程施工质量控制[J]. 海河水利，2008，1（3）：19-20.
[110] 杨春槐,周金勤. 太平江水电站引水隧洞混凝土施工质量管理[J]. 云南水力发电，2012，28（6）：125-127，130.
[111] 张鲁昌. 水利工程施工管理的现状及对策探讨[J]. 黑龙江水利科技，2013，41（6）：224-226.
[112] 陈立刚．北疆大型引水渠道工程质量管理措施[J]．河南水利与南水北调，2014．28（12）：72-73.
[113] 陶卫华，胡爱龙．基于水利工程项目施工管理问题及创新对策分析[J]．吉林水利，2015，9（1）：54-56.
[114] 熊贵容. 浅析水利工程项目施工管理应注意的问题及管理创新[J]. 技术与市场，2015，12（8）：267，269.
[115] 郑俊．光明水电站二期引水工程项目实施方案研究[D]．长春：吉林大学，2014.
[116] 李树年．公路工程质量管理控制措施分析[J]．四川水泥，2016，23（3）：37.
[114] 曾勇．公路工程质量管理的重点及因素探索[J]．黑龙江科技信息，2016，8（15）：267.
[118] 苏加强．公路工程施工质量“通病”及其治理浅析[J]．民营科技，

2012，15（10）：302-303.

[119] 刘二平. 公路工程施工质量管理研究[J]. 交通世界，2017，30（1）：168-169.

[120] 李彦春. 铁路工程施工质量管理与控制措施[J]. 甘肃科技，2013，29（23）：138-140.

[121] 盛建功. 铁路工程项目质量管理影响因素治理研究[D]. 长沙：中南大学，2012.

[122] 王孟钧，宇德明，张飞涟，等. 高速铁路工程质量管理模式研究[J]. 长沙铁道学院学报，2000，6（1）：19-24.

[123] 安清泉. TBM 隧洞项目中的设备、施工及劳动组织管理[J]. 四川水力发电，2014，33（4）：55-59.

[124] 孙立国，张永利. 浅谈高速环道施工管理与质量控制[J]. 科技视界，2016，8（19）：224，243.

[125] 马少朋. 对地铁工程建设施工质量管理的建议[J]. 环球市场信息导报，2015，20（42）：58-59.

[126] 肖小勇. 基于水利工程施工管理的创新对策探析[J]. 江西建材，2015，15（2）：124-125.

[127] 丁玉花,郑少群. 论线性规划方法在农田水利基本建设中的应用[J]. 河南水利与南水北调，2013，23（16）：65-66.

[128] 刘建刚. 水利工程施工管理的优化措施[J]. 江西建材，2016，11（14）：133-134.

[129] 黄世茂. 水利工程施工管理存在不足点及优化对策[J]. 建材与装饰，2016，9（20）：283-284.

[130] 冉沁灵. 对水利施工项目成本管理的探讨[J]. 中国水运（下半月），2012，12（1）：143-144.

[131] 张春笑，董自稳. 水利工程项目成本管理浅析[J]. 河南水利与南水北调，2013，38（16）：71.

[132] 国亮，邓祥辉. 试论水利施工项目成本管理[J]. 西北水力发电，2005，5（2）：78-80.

[133] 曾永赋. ××水电站施工成本分析与控制[D]. 成都：西南交通大学，

2011.
[134] 蒋勇. 浅谈龙滩工程 1478 联营体的成本控制[J]. 四川水力发电，2006，7（6）：41-45，128.
[135] 邵俊杰. LN 引水隧洞工程施工阶段成本规划编制与实施应用研究[D]. 成都：西南交通大学，2016.
[136] 徐辉. 浅析乌都河洞口水电站工程建设进度管理[J]. 黑龙江水利，2016，2（10）：89-90.
[137] 胡连兴. 复杂长距离引水隧洞群施工全过程仿真优化与进度控制关键技术研究[D]. 天津：天津大学，2012.
[138] 胡连兴，佟大威，焦凯. 基于仿真的长距离引水隧洞施工全过程进度实时控制与可视化分析研究[J]. 中国工程科学，2011，13（12）：97-102.
[139] 胡连兴，钟登华，佟大威. 不良地质条件下长距离引水隧洞施工全过程进度仿真与实时控制研究[J]. 岩土工程学报，2012，34（3）：497-503.
[140] 王利华. 水利水电工程施工进度管理分析[J]. 广东科技，2014，23（14）：97-98，234.
[141] 杨振鹏，邢会颖，王洋. 水利施工项目成本管理浅谈[J]. 海河水利，2011，12（6）：28-29，37.
[142] 孙有志，季坤. 浅谈水利工程施工中进度管理[J]. 黑龙江科技信息，2013，7（22）：183.
[143] 付志霞. 关键路径赢得值法在水利水电工程项目进度管理中的应用[J]. 河南城建学院学报，2014，23（2）：44-46.
[145] 陈进贵. 探究水利工程施工建设进度管理与成本控制[J]. 湖南水利水电，2014，19（3）：109-111.
[146] 冯旭. 水利水电工程可视化仿真中 BIM 技术的应用分析[J]. 自动化与仪器仪表，2016，15（3）：214-215.
[147] 李敏. 基于 BIM 技术的可视化水利工程设计仿真[J]. 水利技术监督，2016，24（3）：13-16.
[148] 苗倩. 基于 BIM 技术的水利水电工程施工可视化仿真研究[D]. 天

津：天津大学，2011.
[149] 苗倩．BIM 技术在水利水电工程可视化仿真中的应用[J]．水电能源科学，2012，30（10）：139-142.
[150] 邱小杰．互联网+BIM 对水利设计行业的影响初探[J]．上海水务，2016，32（2）：56-57，60.
[151] 彭小虎．基于 BIM 技术的水利水电工程建设研究[J]．工程技术研究，2016，1（5）：176，178.
[152] 赵继伟，魏群，张国新．水利水电工程的图形信息模型研究[J]．中国水利水电科学研究院学报，2016，14（2）：155-159.
[153] 康细洋，唐娟．基于 BIM 系统的水利水电工程项目投资管理研究[J]．项目管理技术，2016，14（1）：69-71.
[154] 秦丽芳．BIM 技术在水电工程施工安全管理中的研究[D]．武汉：华中科技大学，2013.
[155] 韩启超．基于风险理念的水利枢纽工程全生命周期信息管理[D]．天津：天津大学，2012.
[156] 刘荣自．LSM 计划技术在线状工程项目工程管理中的应用[J]．扬州职业大学学报，2016，20（1）：34-37.